掌控你的心理与情绪

反焦虑思维，别让坏情绪害了你

苏雪丹 著

中国法制出版社
CHINA LEGAL PUBLISHING HOUSE

前言

　　1968年7月9日，在美国马里兰州郊区的一所研究院里，动物行为学家约翰·卡尔霍恩博士进行了一个令人不可思议的实验。他将一个谷仓改建成一个老鼠的乌托邦，里面无限供给食物、水以及筑窝材料，没有天敌威胁，实验人员定期打扫，不会出现大规模传染病，唯一的限制就是空间。他将4公4母共8只老鼠放在实验场地中，让它们像亚当和夏娃一样繁衍生息。按照设想，这个老鼠的乌托邦会一直不断地繁荣壮大，然而现实却让所有人大跌眼镜。刚开始一切正常，但到了第315天之后，老鼠的繁衍速度明显下降，整个族群都变得好斗而懒散，不分公母，每天除吃饭、睡觉、打架外，就是整理毛发。而鼠群社会秩序也日益混乱。到了第560天之后，鼠群的怀孕率快速下降，而最后一只老鼠死于第1588天，老鼠乌托邦就这样消亡了。

　　千万年来，不论生存条件多么恶劣，都无法阻遏生命的延续，生命永远会以极强的韧性修整自己，变得更适应环境。在这之中，"外来信息"的重要性却被忽略了。实验中老鼠的种群灭绝似乎向我们证明：当环境绝对封闭、物质极大丰富时，缺乏挑战、混乱失序、焦虑和绝望才是真正毁灭族群的原因。

掌控你的心理与情绪
反焦虑思维，别让坏情绪害了你

无独有偶，在历史上真的有人类族群经历过实验中那种乌托邦式的发展。1642年，一位荷兰航海家在澳大利亚发现了一座孤岛，并将其命名为塔斯马尼亚。在这座岛上住着土著，他们的文明发展非常落后，甚至都不能称之为人类，只是介于猿类和人类之间的阶段。然而随着考古的发掘，更为惊人的历史才一点点展现出来。在约4.2万年以前，塔斯马尼亚人从大洋洲来到了这里，那时他们的文明不仅不落后，而且完全领先同时期的欧洲，拥有先进的捕猎技术。随着海平面的上升，塔斯马尼亚变成了一座孤岛，塔斯马尼亚人被完全封闭在这个小岛内。表面看上去，这里是个世外桃源，资源丰富、环境宜人，然而生存在这里却让塔斯马尼亚人一点点丢失掉了文明，他们逐步遗忘掉了捕鱼技术和工具制作技术，到最后甚至连衣服也不会缝制了。

现如今，人类文明的发展越来越展示出其困顿的一面，我们的地球又何尝不是一座孤岛呢？很多人对当下的社会焦虑表示不理解，甚至将其讽刺为"矫情"。事实上，物质的极大丰富并不能满足人类的精神需求，新鲜信息的匮乏才是引起整个社会中焦虑感与绝望感的主要原因。

在这种时刻，作为智慧人类，我们需要有比老鼠和原始人更强大的精神依托，来支持我们向着更远处前行，进而促进社会的良性运转，而心理学必将是这份精神依托中最为强大的中坚力量。

目录

第一章　偏执思维："一根筋先生"都是被自己烦死的　　/ 001

　　【测试】不承认？你的偏执可能超过了你的想象　　/ 003

　　二元思维：全能自恋状态下的巨婴　　/ 008

　　单向思维：你又不会穿墙术，凭什么认为自己能走出死胡同？/ 014

　　消极思维：凡事往坏处想的人，人生到底有多糟糕　　/ 019

　　灾难思维：你所担心的事大都不会发生　　/ 027

第二章　惯性思维：那些莫名其妙的烦恼都是因为脑子不转弯/ 033

　　【测试】每个人都有思维定式，只是程度不同而已　　/ 035

　　可得性启发：克服偏见，才能缓解焦虑　　/ 041

　　刻板印象：你为什么那样看别人，这样看自己？　　/ 046

　　狄德罗效应：不要被不需要的东西所胁迫　　/ 052

第三章　压力思维：走出人生的至暗时刻　　/ 059

　　【测试】你最近的心理压力有多大？　　/ 061

　　超我阻抗：好事总会令你惶惶不安？　　/ 066

墨菲定律：思虑得越周全，情况反而越糟糕 / 071

成就光环：如何放下没必要的包袱？ / 078

习得性无助：一个人能扛住多少次失败？ / 082

马蝇效应：如何把压力转化为动力？ / 088

第四章　完美主义者的焦虑　/ 095

【测试】你是完美主义者吗？ / 097

容貌焦虑症：在这个时代如何自我悦纳？ / 103

流言效应：如何避免陷入流言蜚语？ / 110

木桶效应：贩卖焦虑 / 117

布里丹毛驴效应：让人犯愁的，往往不是没有选择 / 124

约拿情结：我们不仅害怕失败，也害怕成功 / 129

第五章　平和思维：放平心态，你会发现烦恼大都是自找的　/ 135

【测试】你的心态如何？可能没你想的那么好！ / 137

不值得定律：混日子的想法只会让你越来越糟 / 142

凯库勒与酝酿效应：当问题无法解决时先放一放 / 147

损失厌恶：如何面对失去造成的情绪波动？ / 151

沉没成本：执着于收回成本，却让你陷入恶性循环 / 156

卡瑞尔公式：试试接受最坏的结果 / 161

蔡格尼克记忆效应：未完成总是让我们惴惴不安 / 167

第六章　情绪思维：世界糟糕透顶，还是你不会处理焦虑情绪？　/ 173

【测试】情绪稳定程度分析 / 175

吞钩现象：如何摆脱过往的鱼钩？ / 180

坏消息疲劳&头条压力症：不要成为负面信息的情绪垃圾桶 / 184

稻草原理：避免负面情绪的累积 / 188

内卷化效应：躁动的外部环境与困顿的生活 / 194

第一章

偏执思维：「一根筋先生」都是被自己烦死的

【测试】不承认？你的偏执可能超过了你的想象

"宿舍里的室友都在有意针对我，这些家伙真是讨厌死了！"

"为什么大家都在针对你，你做了什么？"

"我能做什么，我就像平常一样啊……"

"你可能需要改一改了，平时是我对你太包容了，你的行为方式有时候令人无法接受！"

"你说什么？你再说一遍试试！"

我是H，一个偏执型人格障碍者，但是很久以前我并没有意识到这一点，以至于一旦有人指责我，我就会瞬间失控。我的男友就是因为这个原因和我分手的，现在想起来，他是一个多么优秀的男生啊，我和他一起度过了人生中最美好的三年时光，可能再也不会遇见如此包容我的人了。

某次男友单位聚餐，我一如既往地迟到了。尽管男友事先已经叮嘱过我，千万不能迟到，这次是公司聚餐，老板也来。我没忘，可还是迟到了，但我不以为意。没想到，男友竟然在同事面前跟我急了，其实也还好，就是指责了我两句，可我当时就翻脸了，拿上包转身就走。

掌控你的心理与情绪
反焦虑思维，别让坏情绪害了你

我承认，我从小娇生惯养，而且不接受任何指责，无论对错。可能是从那一次开始，男友真的受不了我了。

工作了，没人再像对待公主一样宠着我，这让我很不适应。我在单位经常与同事产生矛盾，回来就向男友诉苦。在他看来，这些都是鸡毛蒜皮的小事，到我这里却无论如何也过不去。由于我偏执的性格，生活中没有朋友，可以说只有男友一个人，他自然而然地成了我的情绪宣泄对象。天晓得，他是怎样忍受我这么多年的！

我们相识相恋的第三年，突然有一天，他对我说："我们分手吧！"他说这话时脸上毫无表情。我一如既往地像个公主一样，只说了一个字："滚！"

他走了，再也没有回来，我竟然没有给他打过一个电话，只是感到莫名其妙。我们就这样散了。"我们分手吧！""滚！"这两句话成了我们之间最后的记忆。

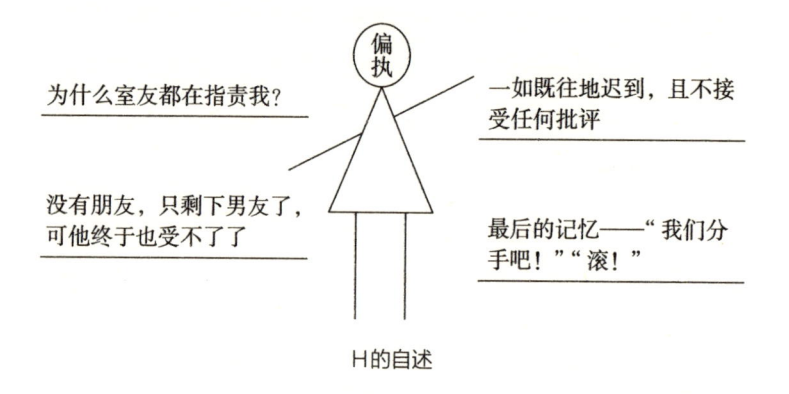

```
        偏
        执
为什么室友都在指责我？      一如既往地迟到，且不接
                          受任何批评

没有朋友，只剩下男友了，    最后的记忆——"我们分
可他终于也受不了了         手吧！""滚！"

         H的自述
```

这是患者H的自述，她的偏执程度已经很严重了，而她之前根本没有意识到。

在现实生活中，这样的人绝对不在少数。完成下面的测试，看看你的偏执程度是否已经超过了自己的想象。（测试结果仅供参考，不代表临床诊断）

1.初次接触新同事，你总是第一时间判断对方是"好人"还是"坏人"，从而决定是否与其进一步接触吗？（　　）

A.是→5分

B.不是→1分

C.我也说不准→3分

2.你的人缘不错，无论在哪儿都能够快速融入新的团队吗？（　　）

A.是→1分

B.不是→5分

C.有时候是→3分

3.来到一个陌生的环境，你总是可以（　　）。

A.快速融入团队→1分

B.很难融入，总是感受到敌意→5分

C.说不准，要看对方怎么样→3分

4.对于学生时代欺负过你的人，如今你还怀恨在心吗？（　　）

A.是→5分

B.不是→1分

C.对有些人已经释怀，对有些人依旧怀恨在心→3分

5.工作中犯了错误，被领导批评了，你会（　　）。

A.耿耿于怀很长时间，一直记恨领导→5分

B.一笑了之，虚心接受→1分

C.不开心，不过第二天就好了→3分

6.当你路过茶水间时，发现公司的某个小团体在窃窃私语，你会觉得（　）。

A.他们是在议论自己→5分

B.他们说什么跟我没关系→1分

C.不确定→3分

7.对于某些传言，你总是（　）。

A.信以为真，并认为背后一定有更大的阴谋→5分

B.从来不信→1分

C.不知道，跟我没关系→3分

【结果分析】

28—35分：重度偏执。

偏执程度：四颗星★★★★

你的偏执程度已经非常严重了，有必要寻求心理医生的帮助或去正规医院进行咨询。你的生活、工作与人际关系都会因为偏执型人格受到严重影响。

21—27分：中度偏执。

偏执程度：三颗星★★★

你的偏执程度属于中度，但可能你自己并没有意识到，如果不加以注意，很容易发展为重度偏执。生活中，你待人客气，却很难与他人真正拉近距离。你可能不爱占便宜，但是对于个人利益格外看重，一旦利益受损，就会展开斗争，直至心理平衡，然

而却意识不到人际关系因此受到的损害。

14—20分：轻度偏执。

偏执程度：两颗星★★

你的偏执程度属于轻度，但实际上表露在外的并不多，而是深藏于内心。在外人看来，你是一个不错的人，各方面都很得体，但你的内心存在一定的偏执想法。你需要逐步调整，才能赢得更健康的人生。

7—13分：正常。

偏执程度：一颗星★

你的心理健康程度很不错，虽然偶尔会出现一些偏执的想法，但是都属于正常范围，完全没必要担心。

二元思维：全能自恋状态下的巨婴

很多时候，焦虑都是自找的，我非常赞同这句话。大多数人的问题都出在思维方式上，如非黑即白的二元思维就是一种思维谬误。记得小时候看电影，刚开场就喜欢问父母，谁是好人谁是坏人。第一次问时，父母支支吾吾不知如何作答。

这个问题很难吗？在孩子看来，这个问题很简单，你告诉我谁是好人谁是坏人就行了；但在成人的世界里，一切都没有那么简单，因为大多数人并不是以二元思维来看问题的。突然想起《后会无期》中的那句台词："小朋友爱分对错，大人只看利弊。"

A女与B男是好朋友，一次，A女查到了老公出轨的聊天记录，跑来向B男倾诉。A女只说了事情的起因，B男就连珠炮似的说了起来："渣男！这种人太多了，没一个好东西！""你也太可悲了，性格懦弱，你就应该跟他离婚！"……

"可是他对我一直挺好啊，你也是知道的，这么多年都挺好的，这一次犯错之后，他也主动认错了，表示再也不会这样了，而且会跟那个女的立刻断绝关系。"A女说。

第一章
偏执思维:"一根筋先生"都是被自己烦死的

"相信我,男人这种时候都是信口开河,他以前可能是爱你的,但是时间长了就会缺乏新鲜感,在外面另寻新欢。听我的,跟他离婚,对付这种人只有这一个办法!"B男情绪激动地说。

"可是我跟孩子怎么办?我以后怎么办?"A女哭了起来。

"先不要考虑那么多,收集证据,让他净身出户!"B男态度坚决。

在这个案例中,B男就属于典型的二元思维,在他的世界里,只有对与错的分别,完全不考虑现实情况以及朋友的感受。很明显,A女此刻最需要的是关心,或者是有人与她一起发牢骚、宣泄情绪,而B男这种不计后果的说教只会让她更加迷茫。

在现实中,B男这种愤怒的样子或许真的能大大缓解A女的难过情绪,因为对于A女丈夫出轨这件事,B男居然表现得比A女还要愤怒。懂心理学的人都能看出,B男这是出现了移情,A女丈夫出轨这件事或许多少勾起了B男的一些被辜负的经历,让他陷入一种"真情错付"的委屈与愤怒中,情绪激动得连真正的受害人A女都忍不住脱口而出"可是他对我一直挺好啊"这种貌似安慰受害人的话来。

虽然B男的移情让这份关于"出轨"的共情非常彻底,也大大缓解了A女的难过情绪,但如此彻底的共情伴随着二元思维这个不确定因素,会容易导致A女在做事时也受到B男情绪化的影响,如像B男说的那样,不顾自己和孩子的生活执意离婚。就算A女的本意真的是要离婚,在B男如此情绪化的影响下,也难保

009

不会做出什么失去理智的事来。

二元思维是一种典型的绝对主义思维方式,在这类人的思维认知里,要么对,要么错,没有中间地带。对此,他们往往引以为傲,然而这样的思维方式显然与我们所处的社会格格不入,很明显是一种情商不高的表现。

这是几?

在临床心理学上,绝对主义思想被认为是一种不健康的思维方式,它会阻碍人们实现目标,破坏情绪。虽然大多数人都知道绝对主义思维不健康,但实际上许多人都倾向于采用这种思维方式。

这到底是为什么呢?

因为简单!

人类习惯性地寻求最简单的思维方式,因为省时省力。这里面涉及一个"认知吝啬"的概念,指的是人类习惯性地将复杂问题简单化。

当你去剪发，理发师张嘴问你要不要办卡时，你的第一反应就是这是推销行为；

当别人问你买不买股票时，你会意识到有风险，会赔钱；

……

在思考过程中，我们会忽略很多信息，从而减少分析负担。这种思维方式的确有一定效果，但是也会产生一些错误与偏差。

还有一个原因，是二元思维可以给人安全感。

举个最简单的例子，小明最爱吃鱼，最讨厌吃辣椒，如果一定要在桌子上摆上鱼和辣椒，那么他会希望一盘子只装鱼，一盘子只装辣椒，如果你把辣椒和鱼混到一起，那么对他而言鱼便不再是鱼了。这便是二元思维带给人的安全感，它会让人觉得，"坏的"永远也不会污染到"好的"。

我们再反过来想想，为什么人们吵架时特别较真，一定要分个对错？如果你劝架的时候说"这件事谁都没错"，吵架的人一定不会理你，因为理智上大家都知道很多事情没有对错，但不争个对错会让人内心很难受，"谁都没错"就意味着"我有对的部分也有错的部分"，但我怎么可能错呢？掺了辣椒的鱼对我而言几乎可以等同于辣椒，已经一口都不能吃了。

所以说白了，争对错不是在争谁对谁错，而是在争"我都对，你全错"。

神话故事最能反映人内心深处的渴望，神就是绝对好的，妖就是绝对坏的，这样神就可以消灭妖了。如果神和妖永远共生，这岂不是说明，"我生命里差劲的部分会永远伴随着我，我永远不能做一个完美的神"了？这让人太没有安全感了。

究其根源，二元思维的源头还是婴儿期的"**全能自恋感**"所遗留下的思维习惯。全能自恋，是每个人在婴儿早期具备的心理特点。婴儿认为自己是无所不能的，只要一动念头，世界就会按照自己的意愿来运转。当这种习惯延续到成年阶段，就变成了一种巨婴心理，理智上二元思维者是愿意尊重他人的，但是潜意识里的全能自恋感会让他们对接受自己能力有限这一事实感到很难受，所以总是不自觉地就做出忽略他人，甚至不经意伤害他人的举动。

综上所述，我们一定要有意识地改变这种绝对主义思维。如今很多人都认为自己压力太大了，一点都不幸福，但依然在拼命赚钱，认为只有金钱可以改变这一切。在他们的观念里，没有车就没法出门，没有房就没法结婚，没有钱就没有一切。实际上，并不是没有这些东西导致了你的不幸，而是你的思维方式出问题了。

那么，有什么办法改变这种情况吗？我们需要改变的，是一些核心认知。改变对固有优势，尤其是先天优势的成就感，而去追求提升所带来的成就感。少去为自己已经拥有的事物开心，多去为自己的进步开心。这样在生活中，我们会更容易接受自己优点和缺点并存的状态，因为那就是进步本来的样子，人自然就不会在缺点暴露时愤怒逃避了。

斯多葛学派哲学家认为,人们不是被事物干扰,而是被他们对事物的看法所干扰。

单向思维：你又不会穿墙术，凭什么认为自己能走出死胡同？

什么是单向思维？简单地说就是一根筋、固执，遇到任何问题，习惯性地进行单向思考，这种人遇事很容易一条路走到黑。

在现实生活中，很多人之所以焦虑，就是因为不擅长从多角度思考，遇到一个问题，他们只能想到一个解决方法，而这个方法并不能很好地解决问题，由此造成了焦虑。

W是一所高校的大学生，在校期间报名参加了一个省级的演讲比赛。为了能够获得较好的成绩，他查阅了很多资料，做了非常充分的准备。可是就在比赛开始前一周，他突然听到有小道消息说，比赛要临时扩大话题范围。原本W并不是特别相信这个小道消息，可是自从从微信群里下载了新的话题范围后，他备赛时就总被这些新话题所干扰，因为新话题中有许多他不了解的内容，他总会控制不住去设想，一旦比赛真的用了新的话题，自己该怎么办呢？

第一章
偏执思维："一根筋先生"都是被自己烦死的

受此干扰，W在比赛前一天没能继续准备原有的演讲，而是一直在查阅那些新话题，并为新话题准备稿件大纲。时间紧迫，W越来越不满意自己的稿子，变得不自信，连最初准备得很充分的演讲稿也觉得错误百出，还在不断改稿。

结果到了比赛那天，根本没有任何临时增加的话题，可是W的状态却很不好，连平常的一半水平都没有达到。

W的焦虑完全是因为单向思维导致的，一味地担心话题范围改变，而自己准备不充分，比赛时遇到了不了解的内容，就会失利。结果因为过于担心这些问题，影响了自己的发挥。单向思维和焦虑、偏执就好似双生子一般，很多时候我们甚至难以区分是单向思维引发了焦虑、偏执，还是焦虑、偏执加重了单向思维。具有这种思维的人会给人一种着急忙慌的感觉，好像不立刻思考出一个结果，就会发生什么不好的事情。或者说，习惯单向思维的人，在思考问题时会有一种恐惧感，好像旁边有一台闹钟在倒计时，必须在规定的时间内想到答案。如果思考得久一点，不良情绪就会出来作祟，逼迫人仓促得出结果。而单向思维者只想得到一个结果，因为"结果"可以给他们安全感。

一个人之所以焦虑，很多时候都是因为思考问题的方式出现了问题。要想缓解焦虑情绪，就要学会多维思考，即面对一个问题，从多角度进行考虑，这样你就会找到不同的解决方案。这时，你可以对这些方案进行评估，权衡利弊，综合考量，你会发现问题根本没有想象中严重。

How To Think

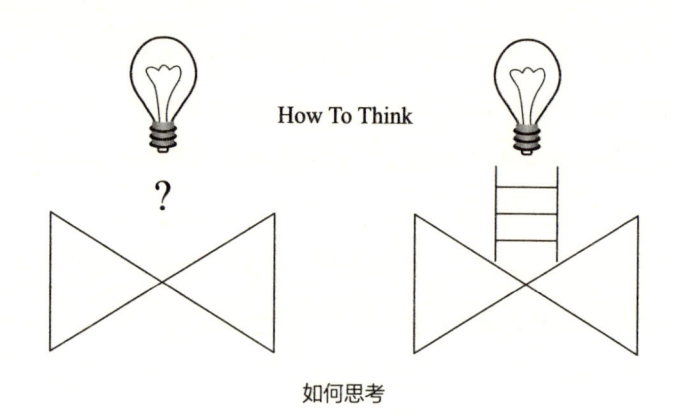

如何思考

如果你现在很焦虑、很痛苦,仔细复盘一下你的思维方式是不是出现了问题。如果是的话,你需要尽快做出改变,以下这些方法可供参考。

改变思维方式

1. 咨询他人,自我判断

大多数人之所以固执己见,是因为他们根本没有意识到问题所在。所以,遇到问题时,先咨询他人的意见,然后结合自己的想法进行判断,养成习惯。

试着问一问自己的家人、朋友和同事,请求他们对你进行最真实的评价,然后做出客观的自我评价。

家人眼中的自己：_____

朋友眼中的自己：_____

同事眼中的自己：_____

2.提升思辨能力

要想提升思辨能力，就需要丰富阅历、增加学识、积累经验等，重视逻辑思维、批判性思维的培养，看问题的角度就不会再像之前那么单一。

3.听从高手的建议

当你已经意识到问题，但是以目前的能力还是无法避免出错时，可以选择听从高手的建议，向一些很有经验、很专业的人士进行咨询，强忍着放弃自己的想法，就按照他们说的做，观察效果。

4.多站在他人的角度看问题

事实上，这一方法的应用远没有人们想象的那么广泛，主要是因为以往这种方法多用在处理矛盾时，而爆发矛盾本就是一种应激状态，人在应激状态下很难理智地想到利用什么方法。所以，我们可以在心态平和或是情绪没那么激动时对这种方法多加练习。比如，在想到"他就是欺负我"时，也同时想想"他为什么欺负我""他讨厌我身上的什么地方""他在生活中有什么弱点"……也许想过后会发现最初的想法只是一个误会，也许想过后能发现一些避免自己被欺负的方法，总比单纯的愤怒无助要好得多。

掌控你的心理与情绪
反焦虑思维，别让坏情绪害了你

你又不会穿墙术，怎么走出死胡同？

消极思维：凡事往坏处想的人，人生到底有多糟糕

"我觉得我被这个世界所反对。"

"我没有一点可取的地方。"

"为什么我总是无法获得成功？"

"没有人理解我？"

"我让别人失望了。"

"我觉得生活过不下去了。"

"我如果是一个更有价值的人就好了。"

"我太软弱了！"

"我的生活没有朝着我想象的方向发展。"

"我对自己很失望！"

"再没有什么东西让我觉得是美好的。"

"我对自己现在这种状况再也不能忍受了。"

"我无法开始行动。"

"我出什么问题了？"

"我要是在别的地方就好了。"

"我不能把东西（想法）聚集（整合）在一起。"

"我恨自己。"

"我是一个一无是处的人。"

"我真希望自己彻底消失。"

"我到底是怎么了？"

"我无法同时处理这些事情。"

"我的生活一团糟。"

"我就是一个彻头彻尾的失败者。"

"我不可能做好。"

"我感到自己太无能，无依无靠。"

"有一些事不得不改变了。"

"我一定是出了什么错。"

"我前途黯淡。"

"我是毫无价值的。"

"我什么事也做不成。"

你有没有过以上想法？如果有，而且不止一条，那么你的人生可能正在遭遇问题，你的想法与上面所列的想法匹配度越高，说明你的状况可能越严重。

以上内容来自霍伦和肯德尔编写的自动化思维量表。所谓自动化思维，简单地说就是未经思考产生的自动化想法。以上这些消极思维会让人感到焦虑，严重的还会导致抑郁。

以下是一个消极思维者的自述，很好地反映出了消极者的状况。

第一章
偏执思维:"一根筋先生"都是被自己烦死的

今天是周末,在本该放松的日子,我却没有任何情绪,没有任何想法,只是躺在床上,看着天花板。我很清楚,对我来说,这样的状况已经很不错了,比起上班的日子,我的情绪简直太好了!

我不想出门,因为无事可做,我也不知道该去找谁玩,因为我没有朋友。我只能躺在床上回忆,回忆当年还算美好的时光,可是越想心里越难过,因为一切美好都已经消失不见,再也不会回来了。

我唯一的朋友出国了,我感觉到了背叛,他怎么可以就这样一走了之,我以后再也没人聊天了。

我喜欢的人也搬家了,虽然她不认识我,但是每天上班时都能见到她,我已经很开心了。她走了,我可能再也不会遇见喜欢的人了。

找点事情做吧,否则越空虚越焦虑。可是,我什么也不会啊,我是一个一事无成的人,每天做着最底层的工作,拿着微薄的薪水,真不知道下一步该怎么走,如果我失业了该怎么办,我要如何生活呢?

我妈又来逼婚了,我也想结婚啊,可我连女朋友都没有,跟谁结婚啊?没钱、没车、没房,谁会跟我在一起呢?

……

时间过得真快啊,中午了,可我连一点胃口都没有。不吃了,还是睡觉吧,这样就没有烦心事了。

我们可以从这位消极思维者的逻辑路线中发现一些端倪:他

会先摆出自己生活不如意的现实状况,如"唯一的朋友出国了""喜欢的人也搬家了""我妈又来逼婚了",然后给自己预设更糟糕的未来:"美好……再也不会回来了""以后再也没人聊天了""再也不会遇见喜欢的人了"……

我们可以明显看出,消极思维会让人产生强烈的无力感和低欲望,这些和消极者对未来糟糕的预设脱不开关系。试想一下,谁能在认定自己未来的生活一片灰暗时,还能活得开心阳光、生龙活虎呢?人们勤奋地生活是因为对未来怀有美好的希望。反过来想想,朋友出国、被妈妈逼婚算得上是严重的打击吗?并不是,这些都是生活中很常见的事,那为什么如此常见的事情会引发消极思维者如此绝望的未来预想呢?

这还要从焦虑本身说起,焦虑者消极思维指向的终点就是"完美主义"。这句话乍一听让人难以理解,但我们不妨设想一下,如果有一个盒子,我们把自己最喜欢的十件物品放在盒子中,那么不论我们从盒子中拿出哪件物品,都会令我们心生欢喜;如果把自己喜欢的五件物品和讨厌的五件物品放在盒子中,那么拿出来的物品就有一半可能让我们不开心;如果我们在盒子里装满自己讨厌的物品,那么不论从里面拿出哪一个,都无法让我们开心。

这个盒子就好比是我们的大脑,而里面放置的物品则是我们的思维,完美主义者最大的特点,就是很难对一件事情满意。比如上面案例中的消极者,其实同时是一个非常挑剔的人,喜欢的女孩走了,他便认为自己今后再也不会看上别人了,其实也就是在说，很少有人能入他的眼。同样是休息日，积极的人会因为自己做了一顿可口的饭菜而高兴，但这件微不足道的小事在完美主义者的眼中，真的很难令人感到满意，按照他的标准，只有有钱、有房、有车、生活在社会上层、像孩童般无忧无虑，才会令他满意。他在自己的大脑中装了好多令自己不满意的事情。

消极思维会引发焦虑，很多人并没有意识到自己是一个消极悲观的人，却总是莫名其妙地陷入焦虑之中。下面是几种消极的思维模式，对照一下，或许你就可以知道自己的情况了。

1."我如果有_____，就一定会开心"

看几个常见的答案：

"我如果有车有房了，就一定会开心。"这个目标有点难度，但也不是完全不能做到，但问题是，有几个人买了车和房子后，真的永远开心起来了呢？大多数人在有车有房之后并不会就此满足，而是会希望拥有更多。所以，你不妨扪心自问，有房有车真的会让你开心吗？还是说，你就是想设置一个自己无法达到的目标呢？

"我如果有钱了，就一定会开心。"这个目标定得太不走心了，有多少钱算有钱？如果根本没有具体的数值，那就不叫目标，而只是空想。

"我如果有女朋友了，就一定会开心。"那最好是再设想下女朋友长什么样子，身材怎么样，工作怎么样，性格怎么样，喜欢什么样的男孩子，让生活的目标至少看起来有个计划的样子。然后再根据你设想中的女朋友反思一下，自己有没有完美主义，这个女朋友的样子是我们生活中常见的类型吗？还是完美得好似天上的仙女呢？

对策：我们不反对幻想，甚至认为幻想是生活中最美好的误解，也是人们努力活下去的动力。但是幻想不应该仅仅是来与我们的现状形成反差，给我们造成打击的，人需要学会整合自己目前已有的资源，为实现幻想中的目标制订可行的计划，这样才能在努力中进步，在进步中填满空虚的内心。

2. "我希望我可以成为＿＿＿＿（某人），那样我就会很幸福"

这句话犹如一个陷阱，很容易让人钻入牛角尖。每个人身上都有闪光点在吸引着别人，尤其是那些事业成功的知名人士。产生崇拜这种情感其实只需要几个闪光点就足够，事实上，你就算是再崇拜一个人，也只是受其身上某几个闪光点的吸引罢了，然而粉丝滤镜会让你觉得这个人的任何地方都充满了魅力。

这意味着，你以为你崇拜这个人的全部，但事实上你只是受他的人格或身世背景中的一小部分吸引罢了。

对策：我们可以给自己设立一个榜样目标，目的是成为更好的自己，但没必要失去自我。另外，最好不要给自己设立难以实现，徒增烦恼的目标，如"首富之子"，把自己的快乐寄托在无法改变的先天条件上，岂不是故意和自己过不去吗？

3. "我一定要超过＿＿＿＿（某人），我一定要证明自己"

竞争可以成就一个人，但不良的竞争思维更有可能透支一个人的激情。超过了某人后，就能够证明自己，那如果没超过呢？是一直不停地努力，还是就此证明了自己不行？

要知道，斗志是很容易被消耗的，所谓一鼓作气，再而衰，

第一章
偏执思维："一根筋先生"都是被自己烦死的

三而竭，这是受人的生物激素控制的天性。这些激素包括肾上腺素、去甲肾上腺素等，都是会使器官疲劳、受到损害的激素，人体为了自我保护，便将这些激素的分泌时间设置得非常短暂，而且当激素散去，人体也会非常疲劳，这便是斗志难以长久的原因。

如果一个人想要长久地保持斗志，内心当然会焦灼不安，因为那是做不到的。把目标定为超越某人，如果对方很优秀，太难超越，那么在努力的过程中很可能一刻也感受不到进步的快乐；若是对方不够优秀，轻易地超越了，人又会变得空虚迷茫起来。

对策：其实我们可以给自己定标杆，但不要和"证明自己"挂钩，毕竟证明自己这么重要的事情，还是多留些机会比较好，要相信自己不论有没有达到目标，达到了多少目标，自己都是最棒的，曾经付出过，就是最好的证明。

开篇讲了30种消极的自动化思维，霍伦和肯德尔也给出了30种积极的自动化想法，下次当你产生消极想法时，可以试着这样对自己说：

（1）"我的同龄人都很尊重我。"

（2）"我是一个风趣幽默的人。"

（3）"我拥有美好的未来。"

（4）"我会成功的。"

（5）"跟我在一起一定很开心。"

（6）"我心情很好。"

（7）"我身边有很多关心我的人。"

（8）"对于我目前取得的成就，我感到十分自豪。"

（9）"我做事喜欢从一而终，坚持到底。"

（10）"我有很多良好的品质。"

（11）"我对生活很满意。"

（12）"我拥有良好的人际关系。"

（13）"我是个幸运的人。"

（14）"我有支持我的朋友。"

（15）"生活是令人兴奋的。"

（16）"我喜欢挑战。"

（17）"我的社会生活很棒。"

（18）"我没有什么好担心的。"

（19）"我很放松。"

（20）"我的生活一直平稳地进行。"

（21）"我对自己的外表很满意。"

（22）"我能照顾好自己。"

（23）"我值得最好的。"

（24）"不好的日子也就那么几天。"

（25）"我有很多有用的品质。"

（26）"所有的问题都有希望解决。"

（27）"我不会放弃的。"

（28）"我可以自信地陈述我的观点。"

（29）"我的生活越来越好。"

（30）"今天我完成了很多任务。"

灾难思维：你所担心的事大都不会发生

"这都六点了，孩子怎么还没到家呢？不会是路上出什么事了吧……"

"男朋友三天没联系我了，他是不是变心了，要跟我分手？"

"这个月业绩太差了，下个月就要执行PIP（绩效改进计划），再完不成我就要失业了，这年头去哪儿找工作啊？"

"天气越来越热了，地球很快就不适宜人类居住了，这可怎么办啊？"

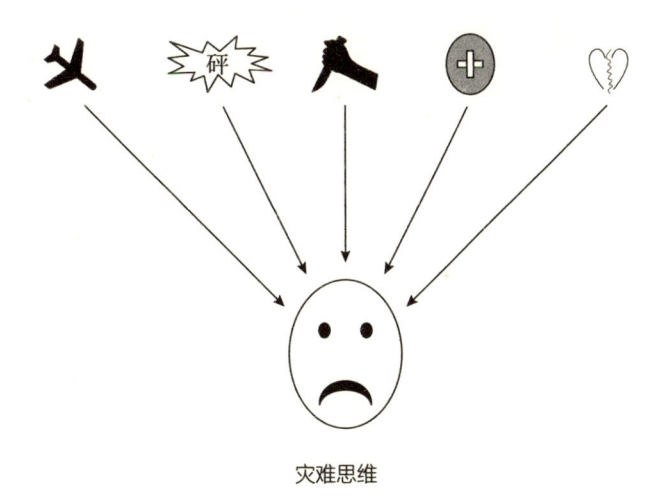

灾难思维

掌控你的心理与情绪
反焦虑思维，别让坏情绪害了你

社会发展得越迅速，人们的压力就越大，担心的事也越多，结果就会导致焦虑大爆发。正如当前的社会，焦虑已经成为很多人普遍的心理状态。轻度的焦虑并不会给生活和工作造成多大影响，甚至会增加个人努力奋斗的动力。然而，一旦焦虑超过了临界点，就会出现各种各样的问题，严重的还会演变为抑郁。

经常有人这样说："每天都有这么多让人焦虑不已的事情，日子简直过不下去了。"然而如果你试着做一下统计，把令你焦虑的事情都记录下来，过一段时间再做复盘，你会发现其中大多数事情根本不值一提，甚至有些事情根本没有发生。

为什么会这样？

当个体对于某件事所获得的信息太少或者没有任何信息时，很容易往坏的方面去想，这在心理学上被称为"黑箱效应"。

在生活中，这种习惯于凡事往坏处想的思维方式被称为灾难思维。这是一种病态的思维方式，重度焦虑症患者往往就是这种思维方式。他们把一切担忧都看作灾难，"万一……怎么办"成了其固定的思维模式。比如：

"万一明天面试搞砸了怎么办？"

"万一新同事不喜欢我怎么办？"

"万一我业绩不好被辞退怎么办？"

"万一我得了不治之症怎么办？"

……

在他们眼中，仿佛所有担忧都会转化为灾难，仿佛明天就是世界末日。

第一章
偏执思维："一根筋先生"都是被自己烦死的

X在一家外资银行做中层管理，年薪百万，妥妥的人生赢家。然而X也是一个重度焦虑症患者，他在工作中患得患失，生怕出错。尽管担任着中层管理者，拿着高薪，却随时担心失业。为此，他每天都非常焦虑，一旦在工作中遇到压力，就会将坏情绪带回家，导致夫妻关系紧张。而每次跟妻子吵架之后，第二天的工作都会受到影响。久而久之，形成了恶性循环，导致其业绩越来越差，家庭关系也越来越紧张，自己则越来越焦虑。

由此可见，一个人焦虑与否和他是否有钱，是否从事高压工作，并没有必然的联系，焦虑情绪主要来自不良的思维模式。就像案例中的X，工资很高，工作也算不上高压职业，但他却很难得到内心的平静。

在我们的生活中，受此类焦虑困扰的人有很多，这些人通常有如下共同点：

责任重大，不仅是在工作中，更重要的是在生活中，承载着全家的现在以及未来。

缺少激情，进而导致在工作中缺乏成就感，在患得患失中怀疑自己的工作能力。

对自己的能力怀疑久了，便在潜意识中觉得自己配不上这份工作，于是担心自己会失业。

焦虑失业的同时想到自己在家庭中责任重大，回到第一步，就这样循环往复。

如果有人问你1加1等于几，相信你会毫不犹豫地回答等于

2，可若是他问你1加1等于几，接着说"想好了再说，如果你说错了后果很严重"，你还会毫不犹豫地回答吗？你也许会想，这是不是什么脑筋急转弯？或许在有些情况下1加1不等于2？这个人是希望我回答等于2还是不希望呢？你回答不出来，并陷入焦虑中。所以，责任太大是导致焦虑的一个重要原因，可是这和灾难思维又有什么关系呢？当人的责任大过能力时，很容易引发灾难思维，因为灾难思维其实也是对责任的一种逃避。

初次坐飞机时，有多少人担心过发生空难？我觉得如果按照百分比计算，这个比例一定不会太低，许多人至少会有这样的念头闪过脑海。因为飞行显然不属于任何人的能力，没有飞行的能力，却要承载在天空飞行并活下来的责任，这让人忍不住想逃避，而逃避的方法，就是假想空难。一旦这个假想奏效了，你就逃过了坐飞机。事实上，大数据显示，发生空难的概率比发生车祸的概率要低多了。可是，飞机更容易让人产生灾难性思维，这源于陆生动物对飞行的认知：那不可能。

灾难性思维最大的偏误，就是把幻想的灾难当成已经发生的事实，从而变成真实的折磨。对于未来，我们或多或少都会有所担心，但我们不必将虚幻的担忧转变为真实的自我折磨，人生苦短，这是何苦呢？

【思维训练】——ABC认知模式

该模式由美国心理学家埃利斯创建，能够有效控制消极情绪，因此也被称为"情绪ABC理论"。"A""B""C"分别是activating event（激发事件）、belief（认知和评价）、consequence（行为和结果）。

简单来说，"A"并不能直接影响"C"，是"B"对"A"的解释影响了"C"。坏事情并不能直接影响情绪，而是思维方式影响了情绪。

具体操作：

第一步，冷静。

当受到消极事件影响时，大脑中的自动思维就会调动消极想法，此时不要行动，而是要让自己冷静下来，可以做几次深呼吸或者从1数到10……总之，要采用最适合自己的方法。

第二步，思考。

重新评估刚才的消极想法，因为此时你已经冷静下来，你会发现刚才的想法大部分是错误的。

第三步，乐观。

用乐观的态度解释消极事件，如你担心坐飞机失事，结果发现空难的发生率很低，可能坐好多次才能赶上，于是开玩笑地说道："哇，我没钱坐那么多次飞机。"

第四步，接受。

如果做不到以上几步，或者灾难事件、消极情绪不可避免，那么最后一步就是接受现实，并开始思考有哪些可以做的事情，否则你只会更加焦虑。

ABC认知模式可以帮助大多数人走出灾难性思维的死胡同，如果你用了这个方法，仍然难以抑制地产生灾难联想，你就需要想一想，自己的生活是否背负了太多不必要的重担，并且需要及时寻求专业的心理援助。

第二章

惯性思维：那些莫名其妙的烦恼都是因为脑子不转弯

【测试】每个人都有思维定式，只是程度不同而已

一群高中生来到医院体检，大家排着队，叽叽喳喳、嘻嘻哈哈，就像春游一样。一位毫无表情的牙医例行公事地检查着。"下一个，坐，张嘴。"不知道从哪一位同学开始，牙医多说了一个词"转过来"："下一个，坐，转过来，张嘴。"

很快，排在队伍中的"刺头王"察觉到了一个有意思的现象，之前有一位同学坐错了方向，背对着牙医坐下了，所以牙医才会多说了一个词"转过来"。后面紧跟着的同学看见了，稍微犹豫了一下，也背对着坐下了，牙医同样说了一句"转过来"，之后便继续检查。

从这里开始，所有人都背对着牙医坐下，牙医只能每一次都让学生们转过来："下一个，坐，转过来，张嘴。"牙医继续例行公事，但如果他站起来跟后面所有的学生大声说一句"后面的同学进来之后请面向我坐下"，也就不用这样麻烦了。

轮到"刺头王"检查了，虽然没有弄明白为什么大家都要背

对着牙医坐下来，但是秉承"不捣蛋不成活"的精神，他自然要与众不同，正对着牙医坐下来。正在电脑上登记信息的牙医连看都没看他一眼，直接说道："下一个，坐，转过来，张嘴。"

在这个小故事中，很多学生都犯了从众思维定式的错误，因为看到前面的人这样做，便本能地跟着效仿，完全没有考虑到事情的合理性。而故事中作为成年人的医生，独立思考能力明显强于学生，但是在面对琐碎的工作时，也便机械地重复："下一个，坐，转过来，张嘴。"

在心理学中，思维定式也被称为"惯性思维"，是由先前的活动而造成的一种对活动的特殊的心理准备状态，或活动的倾向性。

每个人都有特定的思考习惯，绝大多数人都会形成思维定式，尤其是基于过往的成功经验，在遇到问题时，很容易陷入之前的思考习惯，而一旦无法解决问题，就会产生焦虑情绪。这时就需要跳出之前的认知，根据外部的隐含信息重新思考。

举个例子更容易理解。

两个人同时来到河边，看到一条小船停靠在岸边，他们打算乘坐这只小船过河。这只小船太小了，一次只能容纳一个人。但这两个人还是顺利到达了对岸，请问他们是怎么做到的？

第二章
惯性思维：那些莫名其妙的烦恼都是因为脑子不转弯

很多人看到这个问题，脑海中都会形成这样的画面：

大多数人想到的情况

很显然，在这些人的认知前提之下，这两个人是不可能到达对岸的。因为一个人坐船到对岸之后，另一个人就无法坐船了，除非这只小船自己又漂了回来，而且正好漂到第二个人所在的地方，但这样的可能性极小。

当原有的思维方式无法解决问题时，就会产生焦虑。解决方法就是调整思考习惯，我们需要跳出之前的认知模式。比如，例子中说"两个人同时来到河边"，但并没有说是"同一个岸边"，也就是说可能是下图这样的：

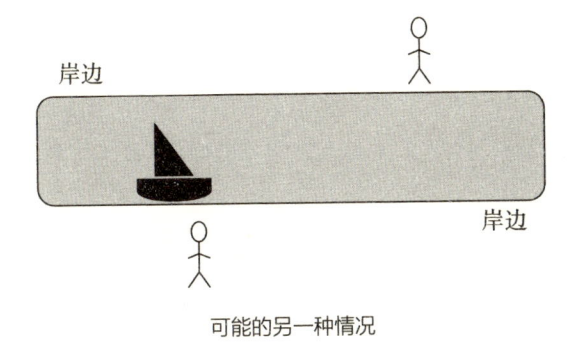

可能的另一种情况

即两个人分别处于河的两岸，他们也是同时来的。这样当一个人坐船过河之后，另一个人自然也可以坐船顺利到达对岸。

这样一来，我们的认知就进行了如下调整：

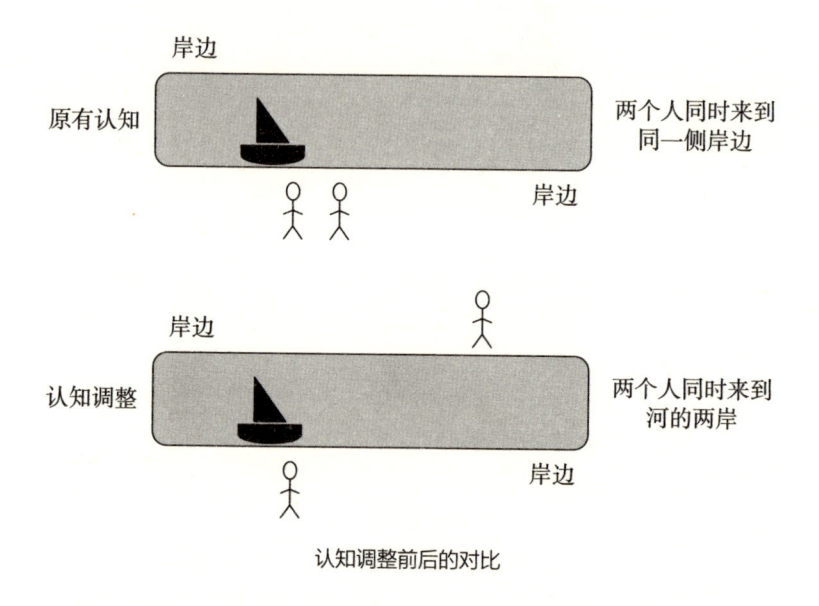

原有认知　　岸边　　　　　　　　　　　两个人同时来到
　　　　　　　　　　　　　　　岸边　　同一侧岸边

认知调整　　岸边　　　　　　　　　　　两个人同时来到
　　　　　　　　　　　　　　　岸边　　河的两岸

认知调整前后的对比

每个人都有思维定式，只不过受其影响的程度不同而已。要想跳出原有的思维模式并不容易。不信？试着回答下面几个问题：

（1）职工运动会，胖子李总今天的状态十分神勇，在第一圈的时候竟然超过了第二名"瘦猴"，请问这时李总是第几名？

（2）比赛来到第二圈，胖子李总的真实水平显现出来了，第一圈发力过猛，现在跑不动了。这时公司老板莅临现场，李总拼了，超过了最后一名，请问这时李总是第几名？

第二章
惯性思维：那些莫名其妙的烦恼都是因为脑子不转弯

（3）有一名水平高超的厨师，将一个盘子里的红豆与一个盘子里的绿豆放入锅中翻炒，其间不停翻炒，出锅的时候众食客一阵惊呼，只见绿豆全部在盘子的一边，而红豆则全部在盘子的另一边。请问怎么会这样？

（4）一个哑巴去买梳子，他向店主做了一个梳头的动作，顺利购买了梳子；随即又来了一个盲人，他打算买牙刷，请问他应该怎么做？

上面一共4道题，你试着回答看看。如果你之前不知道答案，或者说没有做过同类题，那么答对3道题就说明很不错了。大多数人应该可以答对1—2道题，如果你一道题都没有答对，那么说明你的思维定式较严重，生活中你可能会因此遇到一些烦恼。

接下来，看看答案跟你预想的是否一样呢？

（1）还是第二名。很多人会不假思索地回答"第一名"，这就是一种思维定式。超过了第二名，只不过是取代了第二名的位置，并没有超过第一名。所以李总排在第二名。

（2）面对这个问题，大家依然很容易受到思维定式的影响，随口说出"倒数第二名"，这个答案也是错的。"超过了最后一名"，仔细读一遍，怎么可能？那个人已经是最后一名了，如果李总在他后面，应该李总是最后一名。如果李总是最后一名，他怎么超过自己？

（3）许多人看到这个问题第一反应是："不可能！"从常规

039

掌控你的心理与情绪
反焦虑思维,别让坏情绪害了你

思维角度出发,确实不可能,然而如果能够跳出思维定式,其实还是有可能的。比如,一共只有是两颗豆子,一颗红豆,一颗绿豆。

(4)看到这个问题,许多人肯定会说:"当然是做一个刷牙的动作!"何必呢?直接跟店主说买牙刷不就行了,他是盲人,不是哑巴。

可得性启发：克服偏见，才能缓解焦虑

可得性启发的概念是由心理学家丹尼尔·卡德曼提出的，指的是人们对某件事、某个人进行判断时，往往会根据可记忆的、明显的和常见的例子与证据进行判断，即便当人们拥有相关信息的情况下也是如此。

最常见的一个例子就是，一提到坐飞机，大家都会感到很危险，觉得坐飞机出现事故的概率是最大的。这是因为每当世界上有一架飞机失事之后，很快就会成为各大媒体的新闻头条，铺天盖地的宣传影响了人们的心智。

可得性启发导致了大脑的惯性思维，而且很难控制，人们会首先想到最近发生的、频繁发生的事或者是重要的、深刻的记忆。

S曾经在儿时经历过一次交通事故，在跟爸爸过马路时被一辆摩托车撞了，从此她就对过马路这件事感到抵触，宁可多走上几百米，也要走过街天桥。S对于过马路这件事产生了焦虑，但实际上受折磨的是陪她一起过马路的人，无论怎么解释，S都要走过街天桥，大家对此真的很崩溃。

掌控你的心理与情绪
反焦虑思维，别让坏情绪害了你

在生活中此类只有遇到特定条件才会引发的焦虑非常多，这类焦虑往往会和恐惧症相伴存在。由于人们通常可以找到逃避的方法，比如S可以选择走天桥，广场恐惧症患者可以避开广场，所以此类焦虑很少会持续发展到惊恐发作（也叫急性焦虑发作）的程度。但是，大家都知道，逃避毕竟无法真正解决问题，当一个害怕当众发言的人第二天不得不上台讲话时，焦虑失眠便在所难免了。

人的大脑其实并不是理性的，它不会客观分析过马路出事的概率，然后再决定要不要害怕，安全而平静的事件会被迅速遗忘，而痛苦的经历却总是刻骨铭心的，这很容易带来偏见：做某事是非常危险的。

可得性启发的影响存在于生活中的方方面面，心理学中一种说法叫作纯粹接触效应，指的是人们偏好自己熟悉的事物，社会心理学称之为熟悉定律。例如，两个人经常见面，就会彼此熟悉，增加好感，然而这种定律只适用于中性或者是积极的事物，一旦两个人接触一段时间之后，发现了对方的缺点，心生厌恶，那么纯粹接触效应就会导致消极情绪。试想一下，两个心生嫌隙之人，互相看对方不顺眼，那么频繁接触必然只会让彼此感到更加难受。一见面，对方的各种不好就会出现在脑海中，导致焦虑被放大。实际上，双方可能都并没有那么招人烦，彼此只盯住对方的缺点，这不是自寻烦恼吗？

可得性启发会导致偏见，从而带来不必要的焦虑。我们只有了解它的运作机制，才能正确面对。

人们总是轻松回忆起自己注意过的事件。例如，在行业不景气的大背景下，各大公司纷纷裁员，而最近你们公司的情况也不乐观，这件事自然会吸引你的注意。你会想起曾经失业或者是找工作时的艰辛，从而产生焦虑。

　　大事件会暂时提高同类事件的可得性。例如，最近发生了一起飞机失事事件，占据了全球媒体的头条，那么我们就会提高对飞机失事概率的预测。如果你最近刚好要坐飞机出差，就可能会受此影响产生焦虑。

　　亲身经历的事件更容易引发可得性偏见。例如，前面提到的S儿时过马路时遇到过交通事故，导致她现在每次过马路都会焦虑。

　　平时比较少见的视觉冲击力强的内容更容易引发可得性偏见。与文字信息比起来，视觉冲击力强的内容更容易产生可得性偏见。例如，通过新闻媒体看到恐怖袭击的画面，这类内容平时很少见，突然看到会带来巨大的冲击力。如果是某旅游景点发生了恐怖袭击，而你刚好想去那里度假，就会产生焦虑。

　　为了缓解焦虑，我们应该如何克服可得性启发带来的偏见呢？下面几种方法可供参考。

1. 客观分析，冷静思考

　　W的前任是一位长得帅又多金的成功男士，两人到了谈婚论嫁的阶段，W发现前任其实是一个渣男，有很多女朋友。W为此很受打击。几年之后，W受到了D的追求，D跟她的前任一样，家境好，人长得也帅，又是上市公司的高管，但是W由于可得性偏见，总担心D和她的前任一样，也是一个渣男，但是已经年过三十的她渴望婚姻，因此不忍心拒绝，导致焦虑。

遇到这种情况就需要客观分析，放弃很容易，但是也可能会错失一辈子的幸福。这时候需要冷静，不要因为担心嫁不出去，或者说可能会失去一个优质的结婚对象而过于焦虑，匆忙做出选择可能让自己错失机会或者重蹈覆辙。我们可以利用可得性启发的特点，让自己更客观。由于可得性启发所造成的偏见在每个人身上是不同的，所以我们可以多方面求助咨询，这样可以收到多角度思考下的建议，哪些是偏见，哪些是直觉，在这时就会凸显出来了。

当然，求助咨询只是给自己多一些参考的角度，做决定的还是我们自己。

2.将"避繁就简"变为"避简就繁"

人的大脑遇到复杂问题时，会本能地选择一个简单的问题进行替代。例如，有人问你："最近怎么样？"大脑本能地会想到最近几天过得如何，如果你昨天刚刚跟男朋友吵架了，那么你的回答一定是"不太好"，但实际上这个月你很有可能遇到了很多好事：股票涨了，成交了一笔大单……但是大脑只会选择简单的问题进行替代，这就是可得性偏见，很多人会因此而焦虑不已。

这就需要我们改变思维方式，将避繁就简的思维模式改为避简就繁的模式，当别人问你"最近怎么样"时，如果你近一周刚好过得不顺，不妨冷静一下再回答，把时间点往回倒，最近一周不顺，那么最近两周呢？上个月呢？

将时间点一直往回倒，直到想到开心的事为止。利用这种方式，可以有效避免焦虑。比如，昨天公司宣布未来将要裁员，让你焦虑不已，那么不去想昨天的事，想想上周你刚刚因为出色的业绩得到嘉奖，拿到了一笔不菲的奖金。这样想焦虑就会减轻，即便被裁员你也有钱周转，没什么好怕的。

3.给正性事件增加仪式感，并积极回忆

可得性启发作为一种正常的心理现象，既然能够引发焦虑，为什么就不能治愈焦虑呢？既然刚刚发生的、刺激性大的事件更容易在我们心中留下痕迹，那我们为什么不给生活中的正性事件也附加上可得性启发的特征呢？比如，今天工作时被领导夸奖了，这类正性事件我们就不要冷处理，给它加上一些仪式感，如吃顿大餐奖励自己一下，让大脑对正性事件的印象更深。

对于那些已经发生在我们身上的正性事件，我们也可以多多回忆。虽然大脑偏爱记住那些负性事件，但是人的意志力是可以选择要记住哪些事件的。养成每天回忆快乐事件的习惯，利用可得性的偏见让自己变得自恋一些，其实也是一种正性催眠。

刻板印象：你为什么那样看别人，这样看自己？

马路边，一位公安局局长正在和一位老人下棋，这时一个小孩跑过来，慌慌张张地对公安局局长说："你爸爸和我爸爸吵起来了！"

公安局局长听见之后说道："傻儿子啊，别瞎说。"

请问：两个吵架的人和公安局局长是什么关系？

这道题回答的正确率非常低。大部分人都会认为孩子嘴中说的"我爸爸"就是公安局局长本人，他的表述完全不合逻辑，认为这道题肯定出错了。

实际上这就是一种刻板印象，提到公安局局长，大家脑海里立刻联想到男性，同时题干说明两个人正在下棋，也让人们联想到男性，毕竟很少见到女人在路边下棋的。然而正确答案则是，这个公安局局长是个女的，两个吵架的人，一个是公安局局长的老公，一个是公安局局长的爸爸，所以小孩的话其实是合理的。

这只是一个脑筋急转弯，答错了哈哈一笑，很难引起人们的重视。然而，刻板印象的确会在生活和工作中潜移默化地影响人们，从而带来很多不必要的烦恼。

若干年前，当中国的近视率还没有这么高的时候，我就听过一个女服务员恶狠狠地看着酒店新来的收银员，随口说道："戴眼镜的就没一个好人！"如今，我不知道她现在是否还这样认为，但是可以肯定的是，如果她还这样说，一定会造成人际矛盾。

刻板印象，又称刻板效应，是指对某人或某一类人产生的一种比较固定的、类化的看法。因此，很容易形成偏见，如许多人认为南方人精明，北方人彪悍，然而并不是所有人都这样。刻板印象严重的人，还会乱贴标签，这不仅会让别人不高兴，还会让自己焦虑。

辛迪是一个刚毕业的大学生，她因为深受刻板印象之苦前来咨询。她的上司是美国留学回来的，非常有礼貌，文质彬彬的，辛迪觉得在他手下工作很好，自己刚毕业就遇到这样一位上司很幸运。然而工作一段时间之后，辛迪突然听说自己的上司对这个城市有很大的偏见。从此辛迪在工作时总是觉得非常难受，刻意躲着上司，如果上司发火，她就会被吓得直哆嗦。

对于辛迪的转变，她的上司觉得莫名其妙，不知道究竟是为什么。关系都是互相的，上司感受到了来自辛迪满满的敌意，辛迪的处境可想而知。辛迪每天上班时都非常焦虑，没过多久就受不了离职了。

人们的刻板印象来源于信息匮乏造成的不安全感。怎么理解

掌控你的心理与情绪
反焦虑思维，别让坏情绪害了你

这句话呢？辛迪初入职场，希望自己会有一个宽容温柔的上司，当听说自己的上司对这个城市有很大偏见后，感到很难受。潜意识中她是希望更多地了解自己的上司，但无法获得更多的信息，所以她只能依靠刻板印象进行判断了。

人们是很容易受到刻板印象影响的，尤其是当别人先入为主地向你灌输评价之后。苏联社会心理学家包达列夫做过一个实验，他拿了一张照片，照片上面的人眼睛深凹，下巴外翘。他对甲组的被试说此人是一个罪犯，对乙组的被试说此人是一位著名学者。之后，请两组被试分别对此人的照片特征进行评价。结果显示，甲组的被试认为，眼睛深凹说明这个人凶残狡诈，下巴外翘反映其顽固不化的性格；乙组被试认为，眼睛深凹说明此人思想深邃，下巴外翘反映其具有探索真理的顽强精神。

是不是很有意思？没错，人们就是这样容易被他人影响。由于受到刻板印象的影响，当甲组被试被告知照片中的人是罪犯之后，就会把他的外貌跟犯罪联系起来；而乙组被试把照片中的人当学者看待时，也是同样的道理。试想，来到一个新的单位，某个同事告诉你："小心点，××爱传闲话，××是老板嫡系……"你是不是还没开始工作就已经感到焦虑了？

对此，我们只能最大限度地避免自己受到刻板印象的影响，从而减少焦虑。刻板印象是一种无处不在的社会现象，当我们带着刻板印象看别人时，无形中就会给别人施加压力，使其因此而焦虑；同样，当别人带着刻板印象看我们时，我们也会因此分心，感到焦虑，这是不可避免的。

呦，大奔，一定是有钱人！

不见得吧，也可能是司机呢！

刻板印象

当然，刻板印象对每个人的影响力是不同的，有些人特别喜欢人云亦云，而有些人却能做到独立思考。知识储备匮乏的人在思考问题时极容易产生刻板印象，而学识高的人想问题会更加客观。因为从某种角度来看，刻板印象也是一种懒惰的思维，和二元思维、单向思维等一样，倾向于把一切问题都简单化。想要了解一个人需要长期相处，还要反复地观察、思考、总结，这样太累了，于是去看他身上有什么标签，刻板偏见由此而来。

所以，克服刻板印象最行之有效的方法，便是**接触策略**。既然偏见源于不了解，那么便多去了解。当然，这之中有个难点在于，有些偏见已经给人造成了焦虑和恐惧，当我们带着成见去社交时，便很难再客观地看待对方。反过来看更是如此，当别人对你产生刻板成见时，你也很难去消除对方的这种印象。

所以，刻板印象造成的焦虑，实际上只限于熟人之间，越亲近的关系，刻板成见所带来的伤害就越大。如果只是有一面之缘的人，刻板印象当然会带来困扰，但不至于引发焦虑。焦虑往往出现于你很在意和某个人之间的关系，很在意他对你的看法，却难以澄清自证时。那在这种情况下该怎么办呢？

接下来我们进行一项沟通情境训练，可以帮助你缓解因为刻板印象带来的焦虑。

假设你的单位新来了一位领导，不苟言笑，你认为他是一个不近人情的工作狂，接下来的日子可要很难熬了。你不妨按照下面的步骤来做。

1. 观察

接下来的一周，先不要贸然与之接触，仔细观察，记录下具体细节。

_____

_____

_____

2. 尝试接触

通过一周的观察，如果真的跟你想象中一样，那么你能做的就是努力工作，少犯错误。然而实际工作中只埋头工作的人很少，一定会有一些工作之外的细节流露出来。例如，你可以通过只言片语了解到对方的兴趣爱好，并以此作为突破口，开始主动接触，并做好记录。

_____

_____

_____

3. 深入沟通

通过一段时间的沟通，关系熟络之后，可以选择那些导致你焦虑的问题进行深度沟通。例如,你担心业绩压力,可以有针对性地与之探讨,说出自己的担忧,从而了解领导内心的真实想法。这样无论是否与你预期的一样,都能起到缓解焦虑的作用。接下来,你要做的就是根据沟通结果,找出具体的应对策略。

———————————————————————
———————————————————————
———————————————————————

以上只是一种情境,触类旁通,按照这样的方法拓展到其他领域,通过沟通训练化解焦虑。

狄德罗效应：不要被不需要的东西所胁迫

18世纪，有一个整天没事，喜欢思考人生的家伙，他叫丹尼斯·狄德罗——没错，就是那个法国哲学家。

他的一位朋友知道他喜欢在家里走来走去，为了让他舒服点，便送给他一件精美华贵的睡袍。

狄德罗很喜欢这件睡袍，从此之后，他每天都会穿着华贵的睡袍在屋里走来走去，继续思考人生。然而，他的心态不像之前那么平静了，甚至开始焦虑，没办法集中精力思考了。

这是怎么回事？原来自从穿上这件异常华贵的睡袍之后，狄德罗开始觉得身边的一切都不对了。

"家具怎么那么旧？""沙发颜色太土了吧！""窗帘也太不上档次了，还不如我的睡袍好看！"……

狄德罗焦虑了，于是为了让周围的环境能够跟自己的高档睡袍相匹配，他开始购买全新的家具。本以为这样就可以了，但冲动过后，狄德罗发现自己竟然被这件睡袍胁迫了，他特意写了一篇文章，名叫《与旧睡袍别离之后的烦恼》。

第二章
惯性思维：那些莫名其妙的烦恼都是因为脑子不转弯

这就是狄德罗效应的由来。狄德罗效应也被称为配套效应，指的是人们在拥有了一件新的物品后，不断配置与其相匹配的物品，以达到心理平衡的现象。

狄德罗效应对人的影响有好有坏。有些时候它刺激人们更加勤奋，当然这有个前提条件，就是一个人的能力匹配得上狄德罗效应所产生的欲求。一旦一个人因为狄德罗效应欲望增多，而他的能力却无法满足这些欲求时，焦虑就会产生，而当狄德罗效应和焦虑相互作用时，便不再能够调动自身的积极性，甚至反而更消沉。

小艾是一个无忧无虑的青年，大学毕业之后分到了银行工作，每天工作轻松，工资也不算低，晚上下班之后弹弹琴，喝点小酒，生活轻松快意。这一切在他遇到女朋友V之后发生了变化。V长得不算很漂亮，但是打扮得非常精致，家境优渥，她做金融的，挣得不少，非常看重生活品质。

实际上，V并没有给小艾任何压力，只不过小艾觉得既然找到了这么优秀的女朋友，自己也不能太差。于是，他也开始"提升"自己的品位，吃大餐，穿名牌，带着女友到处旅行。很快，他的那点积蓄就花光了，人也开始焦虑起来。

为了赚更多的钱，小艾申请成为客户经理，更加拼命地工作。虽然换来了更高的薪水，但由于他的花销已经远远超过以往的水平，因此还是没能攒下钱来。小艾不仅比之前更加焦虑，而且出现了消极思维。因为他发现，自己跟女友的经济实力完全不在一个水平线上，她不仅工资高，而且家里本来就有钱，是自己拼尽了全力依然无法达到的水平。小艾越来越不自信，并开始对未来感到绝望，工作也渐渐不再上心了。

小艾有了与女友分手的想法，这时他找到了心理咨询师。

小艾的案例很清晰地展现了狄德罗效应是怎样从刺激人奋进，发展到引起人的焦虑，再令人消沉起来的。如果小艾在成为客户经理之后，能够感到满足，那么狄德罗效应所产生的就只有积极作用。

物质刺激是非常强烈的，它很容易激起人的斗志，然而短时间内拼尽全力是很危险的举动，就好像一位赌徒孤注一掷，赌上最后一局一样。人的能力是随着努力而缓慢增长的，如果短时间内拼尽全力，能力并不能很快提升，反而容易因看清自己的实力上限而感到绝望。就像小艾想要一下子在经济方面匹配上女友，结果反而因为失败而变得消极一样。

很多时候，人们之所以焦虑，是因为被物质绑架了：

"隔壁的邻居搬走了，据说买了一套2000万元的学区房，你说人家怎么那么有钱啊！"

"同事背的包、穿的衣服都是大牌……我要不买几个大牌的包包，还怎么上班啊！"

"媳妇，咱们也贷款买辆宝马吧，我们单位除了我一共10个人，6个人都开宝马，剩下的全都开奔驰！"

……

人总希望拥有更多，但这会让人分不清主次。完美主义也是这样，追求完美当然没错，但什么都想要、凡事都追求完美的后果反而是什么都没做好。很多东西并非必需品，而正是这些非必需品让我们变得焦虑。用社会学教授朱丽叶·斯格尔的话来说就是，不断升级我们现有东西的压力是持续递增的。

你办了一张健身卡，下一步就要置办运动装备。可是，一年之中你去过几次健身房呢？

你下载了一款射击游戏，发现玩起来有点卡，于是马上换了一部新款手机。结果，游戏总共玩了3次就被你卸载了。

你的老房子刷了新漆之后，你发现家具太陈旧了，于是决定全部换掉。结果本来3000元可以搞定的事，最后花了3万元。

……

我们到底在追求什么？如果你想不明白，那么你一直在追求的，就只剩下焦虑了。记住狄德罗的话："让我给你一个教训。贫穷有其自由，富贵有其障碍。"

过度的物欲可能会引发焦虑

掌控你的心理与情绪
反焦虑思维,别让坏情绪害了你

【幸福生活减法训练】

如今的日子好了,许多人却感觉自己没有以前幸福了。人们每天行色匆匆,疯狂追求着更好的未来,可是这个"更好的未来"却不包括快乐。下面是一个幸福生活减法训练,帮助我们与焦虑的生活做一次彻底的"断舍离"。

1. 舍弃欲望

(1)你期望的房子。

地段:＿＿＿＿　面积:＿＿＿＿　是否买学区房:＿＿＿＿

是否买车位:＿＿＿＿　装修风格:＿＿＿＿　总预算:＿＿＿＿

目前还差多少钱:＿＿＿＿

为此你会付出什么?

＿＿＿＿＿＿＿＿＿＿＿＿＿＿＿＿＿＿＿＿＿＿＿＿＿＿＿

＿＿＿＿＿＿＿＿＿＿＿＿＿＿＿＿＿＿＿＿＿＿＿＿＿＿＿

＿＿＿＿＿＿＿＿＿＿＿＿＿＿＿＿＿＿＿＿＿＿＿＿＿＿＿

如果省下这笔钱,你的生活可能得到的改观:

＿＿＿＿＿＿＿＿＿＿＿＿＿＿＿＿＿＿＿＿＿＿＿＿＿＿＿

＿＿＿＿＿＿＿＿＿＿＿＿＿＿＿＿＿＿＿＿＿＿＿＿＿＿＿

＿＿＿＿＿＿＿＿＿＿＿＿＿＿＿＿＿＿＿＿＿＿＿＿＿＿＿

(2)你期望的车子。

品牌:＿＿＿＿　型号:＿＿＿＿　预估每月的油钱:＿＿＿＿

为什么要买车/换车:

＿＿＿＿＿＿＿＿＿＿＿＿＿＿＿＿＿＿＿＿＿＿＿＿＿＿＿

为此你会付出什么?

_____

_____

_____

如果省下这笔钱,你的生活可能得到的改观:

_____

_____

_____

(3)你想拥有的其他东西(按以上模式思考)。

2.舍弃物品

有一种病,叫作囤积症。很多人还没有严重到患病的程度,但是他们确实不舍得扔东西,结果东西越来越多,家里越来越乱,心情也越来越差。乱糟糟的环境会让人更加焦虑,你为什么要买那么多用不到的东西呢?

电商狂欢,知识焦虑,你买回来一堆书,但每天工作很忙,根本没时间看书。看到这么多书还没有读,你的心里就会更加焦虑。

很久没穿的裙子,早就过时了,不舍得扔,结果每次费尽心思搭配,总是不满意,急得直跺脚。

……

如果你有这些问题,请利用下面这个清单(表1),将你的东西列出来,并在相应的选项里打钩,将那些筛选出来的不需要、不适合、不舒服的物品送人或扔掉，让这些带给你焦虑的东西彻底离开你的生活。

表1　断舍离物品筛选清单

物品	不需要	不适合	不舒服	需要	适合	舒服

3.舍弃无效朋友圈

有些人可能会觉得这样做太功利，没价值的朋友也是朋友。但是你可以仔细想想，带给你焦虑的，可能正是这些无效的朋友圈。所以不妨借此机会，在你的朋友圈里来一次"断舍离"。

每周可以不参加的应酬：

_____

可以屏蔽的微信朋友圈：

_____

可以长话短说的"电话粥"：

_____

第三章

压力思维：走出人生的至暗时刻

【测试】你最近的心理压力有多大?

在美国,一位刚刚大学毕业的小伙子被派往新冠肺炎疫情重灾区工作。本应该大有作为的年龄,却因为难以承受巨大的压力而选择饮弹自尽。

这个小伙子名叫蒙代罗,刚刚从纽约市消防局的紧急服务学院毕业,之后就被派往克莱尔蒙特紧急服务18站的战术响应小组工作。该站是当地5个行政区中接到911急救电话呼叫量最大的站点之一。纽约是疫情重灾区,当时已经确诊新冠肺炎病例超过16万例,其中超过1.6万人死亡。蒙代罗的工作需要频繁前往纽约市内紧急呼叫最繁忙的地区。

每天都看到那么多人死去,而自己却无能为力,蒙代罗感到压力很大,非常焦虑。同事艾尔·哈维尔说道,"当他没能挽救一条生命时,他就会觉得这是一次沉重的经历。"[①]

在世界各地,饱受疫情困扰的人还有很多,许多人都面临着巨大的心理压力。印度一名男子误以为自己感染了新冠肺炎,尽管医

---

① 参见英国《每日邮报》2020年4月26日的报道。

生向他保证,他并没有感染,并告诉他不要担心,但他仍然坚信自己得了这种病。为了保护家人免遭病毒侵害,他最终选择了自杀。[①]

许多人为蒙代罗和那位印度男子的死感到惋惜,实际上,每个人的心理承受能力是不同的,如果超过了其所能承受的压力范围,又无法有效排解,人就可能会崩溃,一些人还有可能做出一些极端的行为,如结束自己的生命。导致压力的原因很多,不同的因素对不同人的影响也是不同的。下面这张图中列出了一些常见的原因,你可以在空格处进行补充。

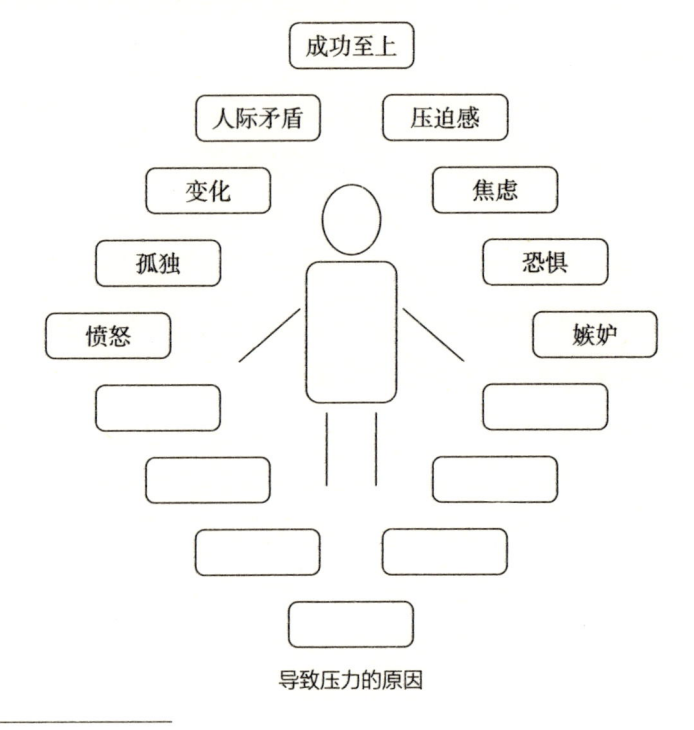

成功至上
人际矛盾　压迫感
变化　焦虑
孤独　恐惧
愤怒　嫉妒

导致压力的原因

[①] 参见英国《每日邮报》2020年2月12日的报道。

第三章
压力思维：走出人生的至暗时刻

了解了导致压力的原因，接下来就需要对自己目前承受的压力水平进行评估，看看你最近承受的心理压力有多大，这些压力会给你造成怎样的影响，从而有针对性地选择应对压力的策略。

在这里为大家推荐的是哈佛大学最新的自我诊断焦虑症的心理测试，据此可以快速判断自己目前的心理状态。测试的结果仅作为初步的参考，不具有临床诊断作用。如果你觉得自己压力大到难以承受，需要寻求专业心理医生的帮助。

以下题目，选"是"计1分，选"否"计0分，请如实做出回答。

1. 如果你独自在黑暗中是否感到害怕？
2. 你是否经常觉得责任太重，而想减轻一点？
3. 你是否在意别人如何对待你？
4. 你是否常被突然响起的电话铃声吓一跳？
5. 你操心生活中的琐事吗？
6. 你会担心自己的健康状况吗？
7. 你关心钱的问题吗？
8. 旅行时，如果你与其他人走散了，你会害怕吗？
9. 你是否常需要服用安眠药方可入眠？
10. 到了该入睡的时间，你是否仍然会躺在床上反复考虑一些事情？
11. 为了平静下来，你是否常常服安眠药？
12. 你是不是非常自我？

13.在你十分生气或紧张时,你的声音会不会颤抖?

14.你是否容易害羞、脸红?

15.你能不能很快地让自己放松下来?

16.你是否比其他人更容易感到烦恼?

17.你是否总是对某种事放心不下?

18.你是否很容易感到坐立不安?

19.你是否经常觉得恐慌?

20.你是否将身边重要文件以及财物都收拾妥当,一旦有危险便可从容离去?

21.你是否常被一些毛病,如消化不好、发疹之类的问题所困扰?

22.你是否不太能忍受噪声?

23.你是否常常因为小事而发怒?

24.出现差错或遇到挫折时,你会感到十分不安和忧虑吗?

25.如果别人取笑你,你心中会惶惶不安吗?

26.外出或睡前,你是否要好几次查看门窗有没有真的关好了?

27.在外出赴宴、开会等社交活动前,你是否会为此准备好几个小时?

28.朋友们要到你家来聚会,你是否会准备好几个小时?

29.在社交场合,你是否常会觉得面红耳赤?

30.你很害怕认识新朋友吗?

【结果分析】

4分以下:你的心境平和。在面对诸多问题时,你总是可以应付自如，你拥有一个非常健康的心态。

4—9分：你会出现轻微的焦虑情绪，但一般能够自我控制和调理。

10—15分：你经常为琐事焦虑，并且常常忧虑未来。未雨绸缪是好事，但是有些事完全不必过度忧虑。你已经属于中度焦虑，要及时调整，给予足够重视。

15分以上：你随时都为生活担心，甚至无故发脾气，常常烦躁不安，惶惶不可终日，有严重焦虑倾向。你需要及时就医。

超我阻抗：好事总会令你惶惶不安？

在《红楼梦》中，林黛玉天性喜散不喜聚，她觉得，人有聚就有散，聚时欢喜，到散时岂不冷清？既冷清则生伤感，所以不如不聚的好。比如，那花开时令人爱慕，谢时则增惆怅，所以倒是不开的好。这番话听起来正如林黛玉的为人一样，会让人感觉怪异，大家都喜欢的事，她认为是不好的，大家觉得不好的，她却反而觉得好。

其实生活中，这样的心理状态并不少见。仔细想想，你是否也有过以下这些感觉呢？

当有人突然对我特别好时，我会觉得事出反常必有妖，会猜想对方是不是有什么事情有求于我。

当有人夸奖我时，如果那不是我的长处，我会感到不知所措、不自在，不管对方是不是真心的，我都会感觉难受不安。

如果公司突然向大家下发某个紧急任务，我会感到害怕，不想主动承接，哪怕我知道这个任务并不难，而且完成之后会受到领导赏识。

如果别人都没做好的事情，只有我做好了，或者是考试超常发挥，比别人考得都好，我会感到不安。

当有异性向我示好时，我会觉得对方在开玩笑，或者是在恶作剧。

其实这些感觉总结起来，都是遇到好事后，反而会心情紧张焦虑，甚至惶惶不安，这些都是"超我阻抗"造成的。当然，人的防御机制在面对"自找麻烦"时是会有修正作用的，你会认为自己并没有限制自身，反而觉得自己有自知之明，并且在事后也意图找寻各种证据，来证明自己确实是配不上这件好事的。

珊珊是一个很自卑的女人，她没有姣好的面容，身材也不好，从大学开始谈恋爱，然而每一段感情维持的时间都不长，每一次都是被男朋友甩了。也许就是从那时候开始，珊珊就认定了自己的命运，认为像自己这种普通的女人，能嫁出去就不错了。

以为自己很可能嫁不出去的珊珊，25岁就结婚了，嫁给了一个出租车司机，她觉得自己太幸福了。然而，美满的生活仅仅维持了一年，之后她的丈夫像完全变了一个人一样，好吃懒做，酗酒，喝酒之后动辄对珊珊破口大骂，有时候还会打她。

对此，姗姗并没有反抗，而是选择逆来顺受。她经常对自己说的一句话就是："像我这样的人，还能怎样呢？"

姗姗的心态难免让人怒其不争，过度的自卑让她不自觉地陷入糟糕的境遇，因为她觉得自己配不上美好的事情，于是日子越过越糟糕，身边的人对她越来越不好。其实"嫁不出去""没人要"这些想法本就是一种自我否定。"像我这样的人，不配拥有更好的境遇"是典型的超我阻抗。

要想搞清楚什么是超我阻抗，就要先知道什么是超我。奥地利心理学家、精神分析学派创始人西格蒙德·弗洛伊德将精神结构分为本我、自我、超我三个部分，其中本我是原始欲望的我，超我是受社会规则和道德约束的我，自我则是负责协调本我和超我的中间部分。本我是人从出生时便存在的，而超我则是精神结构中最后发展的部分，是从压抑本能要求而进化来的。

当然，一个小孩子是不可能一开始就拥有完善的价值观和道德感的，超我在形成之前，当然是以打骂批评和严令禁止的样子出现的，而这时小孩子只是单纯地记住了淘气（欲望）是会挨揍的，这种朦胧的感觉，成年之后便会发展为"好事是可能会导致挨揍的"，这便是超我阻抗的由来。

林悦是一家国企的行政人员，工作了很多年，一向勤勤恳恳，很少出纰漏。突然有一天，领导乐呵呵地找到她，告诉她她要升职了。林悦听完之后，一脸惊讶，回到家之后就开始琢磨，为什么突然给自己升职呢？升职以后会不会面临很大的压力？自己能否处理复杂的人际关系和每天忙不完的工作？……一时间，林悦陷入了恐慌，而且这种状况越来越严重，以至于无法正常工作。

无奈之下，她选择了进行心理咨询。在咨询中，林悦说自己出生在农村，家里重男轻女的思想非常严重。林悦有一个弟弟，非常受宠，而父母对她只有责备。家里的农活永远都是她在做，吃饭的时候好吃的都是弟弟的，看电视也只能看弟弟喜欢的动画片。

弟弟被老师骂，回来告诉父母，父母不由分说先把林悦骂一顿；弟弟在学校被人欺负，父母就把林悦一顿打，认为她没有保护好弟弟。这样的境遇，让林悦无数次怀疑自己到底是不是父母亲生的。

如果一个人小时候没有得到公平的对待，长大后有可能会觉得自己低人一等，面对"管理他人"这件事也容易生出恐慌来，这是因为他对权威的认知被恐惧所取代，自身缺少必要的权威感。

超我阻抗不仅会使人焦虑，而且会大大制约人的发展。那么，怎样能让人们摆脱这种"我不配"的自我伤害呢？我们最先需要做的就是抽丝剥茧，找到超我阻抗的核心——内疚感和自我惩罚。

很多人都听过这样一个故事，房东家新来了一位房客，这个房客是个年轻的小伙子。由于要上夜班，这个小伙子每天都很晚回家，更要命的是，他每天都穿着沉重的大皮靴，当他午夜回到家中时，总是脱下靴子扔在地板上，发出"咚——咚——"的两声巨响。住在楼下的房东心脏不好，每天夜里都会被吓到。这天，房东终于受不了，找到了小伙子，让他不要再扔靴子了。小伙子答应了，可是到了晚上却把房东的嘱咐忘记了，脱下一只靴子就重重地扔在地板上，当他准备扔第二只靴子时，终于想起了房东的话，于是将第二只靴子轻轻放在了地板上。

然后发生什么事了呢?房东这晚会因为少了一声"咚——"睡得好一些吗?并没有,房东等第二声"咚——"等了一整夜。

在某种角度上,人们也会在内心中期待一些不好的事情,尤其是当被伤害成为一种习惯时,会不自觉地希望伤害继续发生,这便是自我惩罚。有时候,自我惩罚来源于习惯,来源于小时候没有被好好对待;有时候则来源于内疚感,而内疚感导致超我来惩罚我们自身。

了解了超我阻抗的核心后,该如何改善这种不良的防御机制呢?以下方法可供参考。

1. 建立正确的价值观和道德体系

我们可以求助他人,征求他人的看法,反思自己的观念是否正确,有没有在某些方面特别苛求自己。比如,身为女性却重男轻女,或是因为学历不高而否定自己做事的能力,这些观念也会伤害到我们自身。

2. 惩罚仪式化

如果你难以克制自我惩罚的习惯,不如将惩罚仪式化,与其等待不知什么时候会落地的靴子,不如自己往地上扔一只。比如,当我们后悔做了某件事情,并开始焦虑这件事会给自身带来恶果时,我们可以拿出钱捐赠给福利机构,作为一种惩罚的仪式,或是去帮助需要帮助的人,这样能让自我惩罚变得有意义,也会给人带来安全感。

墨菲定律：思虑得越周全，情况反而越糟糕

不论是在历史上，还是在当今的生活中，类似"乌鸦嘴"的事到处都有，比如：

在教学中，越是老师反复强调的易错点，学生越容易出错，很多老师都有过这样的感慨："我还不如不提醒你们呢！"

当我们注视一个汉字时，会越来越觉得这个字写错了。

开车时，越有急事，越容易遇到堵车。

当我们想要在喜欢的人面前表现时，却犯了一些非常低级的、从没犯过的错误。

准备得越充分，发挥得越糟糕；想要放弃时，反而超常发挥了。

出门越是被嘱咐别落下东西，越容易落东西。

……

这些看似巧合的事情，真的是巧合吗？在心理学上有一个规律：一件事，不管它发生的概率有多小，如果你总去想它，那么它必将发生。如果你担心某种情况发生，那么它就更有可能发生。这便是墨菲定律。

墨菲定律中包含偶然性，也包含必然性。当我们不经意间

掌控你的心理与情绪
反焦虑思维，别让坏情绪害了你

产生某个看似不可能的想法时，我们的潜意识早已受到深远的影响了。想想看，如果你某天在大街上走着，突然觉得某个路人面相很凶，你开始担心他是坏人，继而担心他会伤害到你，你忍不住一直偷偷地瞄对方。如果对方发现你在偷瞄自己，又会怎样想呢？假如他刚好真的是个在逃罪犯，他会不会以为你之所以偷瞄他，是因为打算向警方举报他呢？你可能会想，生活中哪有那么多在逃罪犯啊，怎么会逛个街就遇到一个罪犯呢？其实，根据墨菲定律，一件事发生的可能性和你的担忧程度是成正比的。你今天逛街时突然害怕一个人，可能真的不会发生什么事，但如果你每每逛街都如此担惊受怕，那你遇到坏人的可能性就大大增加了。

在墨菲定律的影响下，思虑太过周全可能是一种坏习惯。以往人们总是认为，追求完美会令人很辛苦，但也同时会给自己带来更大的能力提升。但根据墨菲定律，事事追求完美反而更容易出错。

小珍是一个完美主义者，这与她小时候接受的严苛教育有关。妈妈告诉她，做任何事情都要力求完美。在这种想法的驱使下，小珍各方面的能力都不错，但是经常感到焦虑，毕竟不是任何事情都可以做到完美的，一旦没有达到自己的要求，她就会陷入焦虑。

这一次前来咨询，是因为她最近在工作中出现了问题。她刚刚跳槽到一家新公司，领导就交给她一项重要任务。由于自己之前组织过会展活动，临近年底，领导就将组织公司年会的任务交给了她，还特意叮嘱她"要办一届有新意的年会"。

正是这句话让小珍犯了难，从小到大她都是一个循规蹈矩的人，各方面都非常严谨，生怕犯错误，这也导致她从来不敢创新。可以说，创新是她的短板。这个任务让她最近饱受折磨，每天晚上都睡不着觉，不断在网上搜寻各种新奇的点子。然而，每当她想出一个点子，紧接着就会担心这个点子会不会太出格，然后不断否定自己。

在一个月的准备期结束之后，终于到了年会这一天，一切都安排得井井有条，公司上下都非常满意，唯独觉得创新性不足。小珍告诉大家，爆点放在了最后。原来她设计了一个压轴节目，让公司老板上台抽签表演节目，签盒里面放的都是公司员工匿名写的节目、要求。

本来是非常有创意的想法，但是没想到公司员工的点子太出格了，老板抽到了一支非常令人尴尬的签，内容就连小珍自己都看不下去，老板看完了当时就不说话了，最后摆了摆手直接走了。台下的员工不断起哄，场面非常尴尬。

事后，小珍一直被这件事折磨，担心自己在公司的前途，担心领导找自己麻烦，导致工作状态非常不好。

其实小珍把创新节目放到了年会的最后，本质上就是一种逃避。完美主义者总会倾向于做事二元化，领导的意思本是让节目在合规的条件下有新意，是在循规蹈矩和创新的中间地带做出节目来，然而对于完美主义者而言最难的就是找中间地带，二元思维才能给完美主义者安全感，这一点在讲解二元思维的章节中将有具体解释。

创新方面一直都是小珍的弱项，于是她逃避性地将节目制作任务交给了别人——公司的众多员工。在她的潜意识里，别人写的节目就不算是她做的节目了。

小珍的过度焦虑导致她不停地担心自己会把年会搞砸了，这个担心促使她选择了逃避，于是墨菲定律就发挥作用了。

很多焦虑强迫的人都有反复检查的习惯，一遍遍地检查不仅耽误时间，惹人心烦，更可怕的是，它真的会引导我们犯错，因为错误总是在我们的内心停留，这其实是一种负面的暗示，我们不知不觉中就在暗示自己，让自己去犯错。那么，有没有什么办法能让人停止过度忧虑呢？

1. 让自己忙起来

俗话说，人闲百日生病，水闲百日生毒。无所事事真的容易让人胡思乱想，这也是为什么心理疾病常常在创伤发生之后很久才表现出来，而遭受创伤的当下却并不容易立刻患病。因为在创伤发生时，人们的精力更多地用来躲避伤害了。那么，我们应该选择哪些事让自己忙起来呢？当然是要选择那些有意义的，能让自己产生成就感的事情了。不能让自己有成就感的事只会徒增疲惫，对人的心理是没有任何好处的。

我们可以针对自己的空闲时间，制订相应的计划。下面这个空闲时间计划表（表2）可以为我们提供帮助。

表2　空闲时间计划表

时间	事项

2.让自己动起来

焦虑本身就会导致人的交感神经兴奋，表现出来就是心跳加快、坐立不安、踱步、抖腿、手抖、肌肉紧张等。说白了，你在焦虑时就算待着不动，浑身的肌肉也都是运动的状态，那何不干脆直接动起来呢？去慢跑、散步、跳舞……怎样都行，把焦虑所产生的应激激素通过运动代谢出去。肌肉也是会疲惫的，运动过后，也就不焦虑了。

可以将自己的健身计划填在下面的圆盘中，并据此执行。

健身计划圆盘

3.让自己进步

对自身能力的不足感到忧虑是好事,但焦虑的同时也要制订相应的成长计划,只是忧虑却不知所措的话,最终会引发更大的焦虑。你可以制作一张能力完善训练计划表(表3),着手提高自身的弱势领域,一步步增强信心,让自己看到希望,这样才会逐步减轻焦虑。

表3 能力完善训练计划表

弱势领域	提升计划

4.做做白日梦

墨菲定律和吸引力法则其实是一回事,我们担忧一件事,就是在内心呼唤这件事。同样,我们畅想美好,也是在内心呼唤美好,那些曾经写在纸上的梦想,也在默默指引着我们的人生。既然如此,何不多畅想一些好事呢?

在下面这张白日梦板中,把那些曾经的梦想都写上吧,哪怕它们看起来是那么幼稚,也不要害怕,大胆做梦吧!

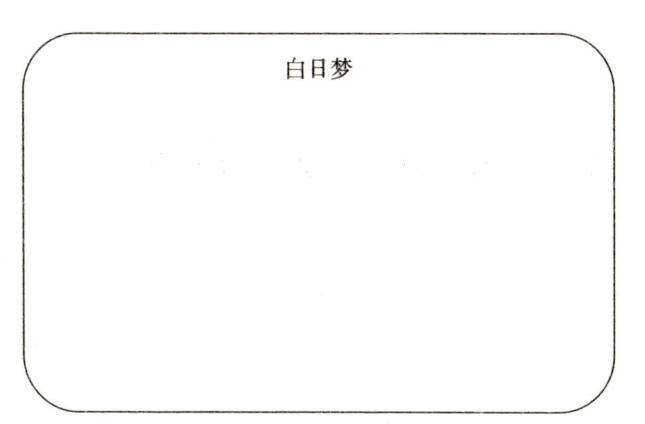

第三章
压力思维：走出人生的至暗时刻

白日梦

大胆地去做白日梦吧！

成就光环：如何放下没必要的包袱？

民间流传着这样一个故事，说在战国时期，秦国最著名的将领——战神白起在率兵攻打魏国时，说客苏厉为了劝说白起停止进攻，曾和白起讲了下面这个故事。

楚国有个神射手叫养由基，能百步穿杨。旁边看的人都说他的射箭技术很好，为他喝彩。只有一人从养由基身旁走过，冷冷地说道："不错，有了这百步穿杨的本领，才配受我的指教。"养由基说："您要教我射箭？您怎么不替我射呢？"那人说："我并不是来教您左手拉弓，用力向前伸出，右手拉弦，用力向后弯曲那种射箭的方法。但是，您射柳叶能百发百中，却不趁着射得好的时候休息休息，过一会儿，当您气力衰竭，感到疲倦，弓身不正，箭杆弯曲时，您若一箭射出而不中，岂不前功尽弃（名声受到影响）了吗？"

苏厉讲完，对白起说："你号称常胜将军，已经击败韩、魏，杀了犀武，向北攻赵，夺取了蔺、离石和祁的都是您呀，您的功劳已经很多了。如果继续打下去，只要失败一次，百战百胜的名号就不再有了，这岂不就前功尽弃了吗？您不如称病，不去攻打魏都大梁。"

第三章
压力思维：走出人生的至暗时刻

这个故事显示出一个道理，当人取得成就之后，为了维护名誉，所承受的压力要比尚未成名时大得多。其实这并不是在杞人忧天，而是基于客观存在的现实，那就是社会对待已经成名的成功者会抱有更高的期待，同时会在他们失败后施加更严厉的指责。

成就光环所带来的压力，很多都来源于此。当你的成就达到一定的高度时，便会有越来越多的人把你作为目标，会有人神化你，也有人嫉妒诋毁你。诋毁固然不好，但神化就好吗？神是不能犯错的，神若是犯错，便会堕落地狱。对一些人来说，他把人生中最美好的期待寄托在你的身上，如果你的形象崩坏了，所有美好的期待都会变成恨意。

人是生活在社会中的，社会的集体潜意识也裹挟着那些曾经有过成就的人，心态再好的人也难免受到集体潜意识的影响。

登上舞台是每一个音乐人的梦想，然而一旦成名之后，舞台就会成为他们的负担。英国一家叫作帮助音乐人的机构进行过相关调查，调查结果显示，高达75%的音乐人遭受过焦虑的折磨。

英国知名歌手阿黛尔曾公开自己的经历："我害怕面对观众，在阿姆斯特丹的一场演出中，我紧张得从消防出口逃出去了。我在演出时吐过几次，一次是在布鲁塞尔，我把呕吐物喷到别人身上了，我经常焦虑发作。"

所谓"高处不胜寒"，焦虑显然大大阻碍了人们能力的发挥。对于阿黛尔而言，焦虑让她连普通的演唱都难以顺利完成。成就光环所带来的焦虑不仅在于如何能够更成功，也在于如何能够保持既有的成就。

掌控你的心理与情绪
反焦虑思维，别让坏情绪害了你

其实，成就光环的影响并不仅仅会发生在那些名人身上，它远比我们想象的要贴近生活。想想看：平时班上总是考第一名的学生，是不是常在大考中失利？领导面前的红人若是哪天被训斥了，是不是嘲笑讥讽他的人更多？曾经做过管理者的人，是不是很难再次接受从底层做起？某天你心情愉快，嘴里哼着小调，某个人突然夸你唱得很好听，这时你会不会突然唱歌认真起来，原本是随意哼的小调，再唱时会忍不住加一些演唱技巧呢？某天我们突然接到一个刚好能发挥自己长处的任务，我们花费在这个任务上的时间是不是比一般任务更多呢？以上这些其实都是成就光环带给我们普通人的影响，只要你在意自己的名声，你就一定会在维护名声上面花费时间，而如果过去的成就恰逢当下的不自信，焦虑就会找上门来。

小敏是一位插画师，从小喜欢画画的她，非常享受自己的工作。有一次，她的一本插画绘本获奖了，引来了很多关注。最初好评居多，后来，越来越多的人开始指出她作品的不足，而且有一些意见是非常专业的。

小敏也希望能够创作出更好的作品，于是悉心听取意见，并尝试做出改变。然而，她发现自己的作品其实存在很多问题，她反复调整修改，但总是不满意。小敏开始变得焦虑，曾经带给她快乐的工作，如今让她非常痛苦。

一般来说，自信对于文艺创作来说是必不可少的，一个艺术家失去了绝对的自信，他的作品就会逐渐失去灵气。小敏本是将自己当作会画画的寻常人，画作获奖后她却把自己当作了新人艺术家，期待变高了，能力却并没有变，这就是名人光环带给小敏的焦虑。

成就光环常常导致焦虑，那么，我们就要因此舍弃成就吗？当然不是，有一些方法可以帮助我们缓解焦虑。

1. 最重要的就是保持平常心

获得了成就固然开心，但也不要太过激动，毕竟大多数人的成就都达不到"巨星闪耀、扬名天下"的级别，他人没有神化你，你千万别自己先在内心神化自己。每次都考第一算什么呢？我只是一个擅长学习的学生罢了。成了领导面前的红人又如何？我不过是一个普通人……这样想一想，你就可以放下那些没必要的"偶像包袱"，轻装上阵。

2. 认清自己

不要因为一次成功就忘乎所以，你要通过自我觉察认清自己，充分了解自己的能力。分析成功的原因及自身的优势和劣势，这样才能有效避免成就光环带来的焦虑情绪。

可以针对最近一次的成功经历进行分析。

主观因素（个人能力）：_____

客观因素（外部环境）：_____

自身的优势：_____

自身的劣势：_____

习得性无助：一个人能扛住多少次失败？

> 害怕悲剧重演，我的命中命中，越美丽的东西我越不可碰。
>
> ——歌曲《暗涌》

这是王菲在《暗涌》中唱到的一句歌词，也是习得性无助的经典心理表现。

"习得性无助"是指一个人经历了数次失败和挫折后，再次面对问题时，产生的无能为力的心理状态，"无助"从单次失败后的状态变成了一种习惯。

这个概念是1967年美国心理学家塞利格曼在研究动物时提出的。他用狗做了一项经典实验。起初，他把狗关在笼子里，只要蜂鸣器一响，就给狗施加难受的电击。狗被关在笼子里逃避不了电击，但是会用跳跃、以头撞玻璃等方式反抗。但多次实验后，狗放弃了反抗。后来，实验人员把笼门打开，蜂鸣器一响，狗不但不逃，反而不等电击开始就倒在地上呻吟、颤抖。这时，狗本来可以主动地逃避，却绝望地等待痛苦的来临。

这个实验从设计来看，和巴甫洛夫的经典条件反射实验类似。巴甫洛夫每次给狗喂饭之前都先摇铃,久而久之,狗只要听到铃声,嘴中立刻就会分泌唾液。

受这一经典条件反射实验的启发,美国心理学家斯金纳于1938年设计出了操作性条件反射(也称工具性条件反射)实验。这次实验对象由狗变成了小鼠,他把小鼠放在一个箱子中,箱中有一个可以按压的杠杆,只要小鼠按压杠杆,就会有食物掉落在箱中,后来小鼠学会了按压杠杆。

我们将三个实验合在一起来看,可以得出结论:习得性无助就是一种条件反射。

虽然习得性无助的形成原理很简单,但是它给人带来的绝望感却非常强烈,我们甚至可以在消极思维、灾难性思维、抑郁症、焦虑症以及多种严重神经症和其他心理疾病背后看到习得性无助的影子。消极的思维和认知会导致人患上心理疾病,但是显然能够致病的绝不仅仅是几个消极的想法而已。那么,为什么有人会不断地产生消极的想法呢?因为习得性无助是一种条件反射,而条件反射具有获得、消退、恢复、泛化四个阶段。

获得、消退和恢复都很好理解,那泛化是指什么呢?如果还用经典条件反射实验举例的话,泛化就是狗不只是听到摇铃开始分泌唾液,而且是听到类似的声音也开始分泌唾液,再严重些,就是听到任何声音都会分泌唾液。

概括而言,泛化指的是引起不良心理和行为反应的刺激事件不再是最初的事件,而是与其类似、相关联的事件(已经泛化),甚至是与其不类似、无关联的事件(完全泛化)。

掌控你的心理与情绪
反焦虑思维，别让坏情绪害了你

失败固然让人消极沮丧，但最可怕的还是习得性无助，它让"无助"延续了下去，即使没有负性事件，甚至是在正性事件中，绝望感都挥之不去，消极和绝望成了一种习惯。

习得性无助者，往往有以下特征：

（1）对自己的出身、天赋、家庭环境等先天因素，或是时代背景等社会因素非常不满。

（2）常常陷入对过去的后悔中，并难以原谅自己。

（3）对于曾经的遭遇感到愤怒难平，这愤怒有时指向某些对你造成过伤害的人，有时指向命运。

（4）面对优秀的人，在强烈自卑的同时也带有嫉妒与愤怒，并且会倾向于将他人的成功归因于环境，比如"家里有钱""从小受到的家庭教育好，父母对他好，所以他性格好"。

（5）当遇到绝对的通过后天努力成功的人时，喜欢说"但我不是他，我做不到"。

（6）在遇到难题时，还没开始尝试解决，就先认定自己搞不定。

（7）习惯性地指责他人。

（8）身体会表现出一种无力感、虚弱感。

（9）认为自己不论怎么做，都不会改变什么。

（10）在社交关系中一般都比较弱势，在某些人眼中是"好欺负"的那类人。

鑫峰毕业之后来到一家单位工作，满腔热情的他每天都像打

第三章
压力思维：走出人生的至暗时刻

了鸡血似的，想要在职场大展拳脚。然而，单位悠闲的工作让他很不适应，经常无事可做，闲得没事，他竟然包办了办公室端茶倒水甚至是打扫卫生的工作，让保洁阿姨都非常尴尬，因为就这么点活儿，都让他干了。

领导有什么任务，他都自告奋勇地承担。大家看他工作热情很高，也都将手里的活儿交给他做。然而，过了一阵子，鑫峰发现自己的提案总是被否定。有一次，他认为自己的设计方案优于其他方案，于是他在会上反复说理，情绪有些激动，结果被领导大骂了一顿，同事们也因为他过于积极而又执拗的态度开始疏远他。

鑫峰非常焦虑，不明白是怎么回事，他想不通为什么无论自己的方案做得多好，最后都会被否定。后来，一位前辈告诉他，工作不要着急，应该循序渐进。很多事情，并不是自己想的那么简单。

但是此后，鑫峰的积极性一落千丈，上班变得消极，即便有机会，他也不去争取了。

习得性无助之所以会给人带来这么大的危害，主要就在于引发绝望感和对失败的外归因[①]方式。当一个人在遇到挫折时，倾向归因于先天因素（如家庭出身、天赋等）、外部环境（时局政策、时代特征等）以及个人能力（智力、体力等）时，便容易产生习得性无助；倾向归因于方法不当、能力稍欠（认为自己的能

---

① 归因：是指人们对导致他人或自己行为的原因的推论过程。

力有待提升,而非认为自己能力永远不够)或偶然巧合时,则不容易产生习得性无助。遇到问题倾向归因于先天因素、外部环境以及个人能力的人,在今后遇到问题时,也很难从"解决方法、提升能力"方面进行思考,绝望感当然更加严重。

面对习得性无助,我们需要正视两个问题:其一是如何在遭遇挫折后避免习得性无助,避免泛化;其二是如果已经有了习得性无助,该如何摆脱这种状态。以下几种方法可供参考。

1. 纠正错误的归因习惯

我们可以利用认知行为疗法,检查我们是如何看待失败的,练习将失败的原因归结为偶然的(恰好遇到了意外,导致生意失败)、个别的(我只是不擅长做管理者,但是我可以去做技术类的工作)、不可持续的(这次没有好好复习,所以没考好)因素,让失败的因素变成可以人为改变的,避免因一次挫折引发持久的消极想法。

分析最近一次失败的经历,从偶然的、个别的、不可持续的角度进行分析。

偶然的因素:

_____

个别的因素:

_____

不可持续的因素:

_____

2. 不要轻易说"做不到",先尝试一下

努力并不一定能成功,但是会积累信心。假设一项任务超过你的能力范围，先别急着放弃，可以尝试着完成前两步，然后感受变化。

面对一项任务，第一步打算怎么做：
_____

第二步打算怎么做：
_____

第三步打算怎么做：
_____

第四步打算怎么做：
_____

直到实在进行不下去再放弃，并记录自己的感受：
_____

3.阳性强化法

具体来说就是给正性事件赋予仪式感。既然习得性无助是一种条件反射，那么我们也可以用条件反射的方法去治疗。挫折可以引发绝望感，成功和肯定则可以带来希望。生活中的正性事件，不论多么微小，我们都给它赋予仪式感来加强其在我们心中的影响力，用以对抗负性事件产生的绝望感。比如，某天看了一本书，感觉自己长了见识，可以发个朋友圈来强化这个正性事件。

选择最近经历的一个正性事件，为此设计一个仪式。

马蝇效应：如何把压力转化为动力？

林肯年轻的时候，和兄弟们在老家肯塔基州的农场耕地，他负责吆喝马，兄弟们扶犁。那匹马可能是老了，总是慢慢悠悠的，走得很慢。然而有一次，这匹马突然来了精神，走得很快。林肯觉得不对劲，仔细观察发现马背上有一只马蝇在叮咬它。马很痛苦，它必须使劲跑才能摆脱马蝇的折磨，这就是著名的"马蝇效应"。

人们都知道，压力会引发焦虑，而焦虑若是严重了，就容易让人生病。可是在同等强度的压力下，为什么有的人能够处理得当，事业步步高升，有的人却心力交瘁，患上神经症呢？其实，这一方面取决于每个人抗压能力的强弱，另一方面取决于每个人处理压力的方法是否得当。同样是马蝇叮咬，你可以选择奔跑，也可以选择侧身在树上蹭一蹭，这就是处理方法的不同。

我们生活中常说的压力，和真正经历的压力其实还是有点不同的。当人们谈及压力时，有很大一部分是在表达"抗拒"，是在说"我不喜欢这样做"。

第三章
压力思维：走出人生的至暗时刻

师范大学毕业的王铭学的是数学专业，毕业后被分配到一家中学当数学老师。这是一份让很多人都羡慕的工作，然而对王铭来说却有些头痛，这是因为他的性格内向，不善于表达。即便是面对一群中学生，也会让他感到压力很大，十分不自在。每天晚上，王铭都睡不好觉，一想到第二天讲课的事他就会无比焦虑。

就这样过了一年，王铭的痛苦丝毫没有减轻。正巧以前的大学同学准备做一家教育机构，想要拉上他合伙创业，王铭丝毫没犹豫就答应了。

创业的难度超出了所有人的想象，大家不仅需要每天工作12个小时以上，还没有薪水，有时候还要管家里要钱负担公司的日常开销。与之前在学校的工作相比，创业的差事简直太难了，然而王铭却再也没有向别人抱怨过压力大，而且每天都充满激情，过得很充实。

我们可以看出，王铭一开始说压力大，其实是他不愿意为了教书承担压力，而并非他在所有工作中都不愿承担压力。生活中的压力无处不在，甲之蜜糖，乙之砒霜。如果我们感觉压力很大，喘不过气来，也许换一种生活方式就会截然不同。

有的人可能会问，如果我感觉所有的事情都压力很大呢？有这样的感觉那就需要思考下面两个问题。

其一，这种感觉是不是短时间内出现的？如果是，那说明你的情绪想让你休息一下了，当一个人长时间操心某件事时，就容易生出这种放弃一切的想法。长时间操心一件事情，说明这件事

掌控你的心理与情绪
反焦虑思维，别让坏情绪害了你

情长时间没有得到有效的解决，你需要找到解决的方法，或者是改变对这件事的执念。

其二，这种感觉出现很长时间了吗？如果是，那说明你对生活有些过于追求完美了，你需要改变对生活、工作、压力的认知。

林宇在私企上班，每个月领着税后一万多元的薪水，工作非常累。林宇感到非常焦虑，并且总是在担心自己的健康，而且岁数越大越焦虑。后来，居委会招聘，林宇听从了家里的建议，辞职去居委会上班，选择无压人生。新工作工资扣完各种费用到手里就剩下3000多元，生活水平明显下降。工作相对稳定了，难度也下降了，但是琐事也不少，每天忙忙碌碌，并不是像想象中那样一点压力都没有。

而且新单位的人际关系比私企更复杂，林宇有话直说的习惯短时间内改不了，上班之后没少碰钉子，他感觉自己比之前更加焦虑了。

林宇的问题，很多人在面临工作选择的时候都遇到过，本想选个压力小一些的工作而放弃了高薪，结果没想到钱少并不意味着更轻松。其实当你放弃高薪的那一刻，内心中一定期望选择的工作能如你所愿，以后只要在工作中遇到一点不如意，你就会无法克制地去想：我还不如选择那份高薪的工作呢。

为了压力更小而选择低薪的工作，有很大概率是要后悔的。因为事实上人的焦虑程度和劳累程度没有必然的联系，很多时候，生活安逸的人反而会有更高的焦虑水平。事实上，焦虑其实主要来自人们的认知方式。

美国的一些研究人员曾进行了一项关于压力的研究，他们追踪研究了3万名成年人，历时8年。研究人员先统计了这些人对于下面两个问题的答案："去年你感受到了多大压力？""你相信压力有害健康吗？"最后统计了这3万人当中的死亡人数。研究结果表明，前一年压力巨大，且认为压力有害健康的人，死亡的风险增加了43%，而那些同样压力巨大，却不相信压力有害健康的人，死亡的风险没有变化，而且他们死亡的风险比那些觉得自己压力较小的被调查者更低。

压力认知对于人们在心理健康方面的影响也是如此。研究表明，当人们受到压力时，作为对压力的反应，脑垂体会释放一种压力性激素——催产素。催产素不仅可以舒缓压力，使体内组织的供氧量大量增加，还对人的交际与心理方面有积极的影响。

（1）催产素能够帮助羞涩和自闭的人增强自信，克服社交羞涩感。

（2）催产素有利于建立亲密关系，使你有强烈的归属感。

（3）催产素让人们更加积极地社交，使人趋向于情绪转移和不再孤独。

（4）美国研究人员公布的一项新研究成果显示，补充催产素可缓解慢性头痛患者的症状。

（5）催产素可促使已婚男士对婚姻更忠诚。

（6）催产素可以提升同情心，如果催产素在某人身上被抑制，他就会更倾向于具有自私的品性。

据英国的一些研究者称，催产素和酒精之间存在的相似之处"多得令人吃惊"。所以，不论是在生理上还是在心理上，你都不能再说压力是绝对有害的了。压力或许会让你感觉不舒服，但至于它对我们的影响是正面的还是负面的，还要看你怎样看待压力。因此，在面对压力时，我们不妨先从以下方面做出改变。

首先，要认识到压力是好的、积极的。人在承受压力之后的反应，如心跳加快、呼吸加快、交感神经兴奋、思维暂停等，其实是来源于远古时期人们狩猎时的反应，每一种反应都是为了让你的身体更灵活，反应更敏捷，这种状态其实也是备战状态，而并非病态。这之中只有思维暂停一项或许在现代生活中会阻碍你的部分工作，但是那也没关系，思维暂停时，我们就把一切交给潜意识吧，人的潜能是无限的。

在哈佛大学的研究人员进行的一次社会压力测试中，研究人员把参与者分为三组，并告诉其中一组参与者压力可以给他们的身体带来的积极影响。比如，你的呼吸急促，目的是给心脏导入更多氧气；你的心跳加速，是为了让氧气、脂肪和糖更快地输送到肌肉和大脑，为你的行动做准备；你的肾上腺素水平升高，能帮助肌肉和大脑更有效地接收和使用能量；等等。

结果显示，那些将压力视为有帮助的参与者，他们感受到的压力程度大大降低，并且呈现出更低的焦虑水平，以及更高的自信水平。

其次，既然压力是好的，那么我们需要想一想，这份压力出现的目的是什么，我们需要做什么。不要想着去压抑、减轻压力，因为那样会令你陷入另一种不知所措中，也不需要去做别的事转移注意力，那样这份压力就被辜负了，并且最终你还是要面对它，不是吗？你可以借助以下问题，帮助自己厘清思路。

你目前所承受的压力是什么？

_____

你承受这份压力的目的是什么？

_____

如果在压力驱使下实现目标，你将得到什么？

_____

第四章 完美主义者的焦虑

【测试】你是完美主义者吗?

说到焦虑,有一个永远也绕不开的话题,那就是完美主义,我们甚至可以说,完美主义是焦虑的最大成因。或许有些人不以为然,毕竟生活在我们周围的许多人都自称有"完美主义",并事事以高标准要求自身和身边的人。然而事实上,这其实是人们将追求完美和完美主义混淆了,追求完美和完美主义是截然不同的两个概念。完美主义通常可以分为积极完美主义和消极完美主义,表4可以帮我们看到完美主义与追求完美的区别。

表4 完美主义与追求完美的区别

积极完美主义	消极完美主义	追求完美
更多地关注自己的优点	更多地关注自己的缺点	能够理智地对待自己的优点和缺点
只在做某些事时力求完美,并不要求自己各方面都完美	对人也对事,越是不擅长的事越渴望做到最好,包括一些无法改变的事情	理智地选择哪些事要去追求完美,哪些事不需要去追求完美

续表

积极完美主义	消极完美主义	追求完美
只针对自己在意的事力求完美，通常是自己擅长的事	很难分清在什么情况下适合追求完美，在什么情况下以及在哪些方面不适合追求完美	对于想要追求完美的事能够有一个合理的规划部署
逃避自己的缺点	不能接受自己存在缺点，但又无力改变，内心自卑又焦虑	知道并能够接受自己存在缺点
能够认可达到自己所定标准的人，对没能达到自己标准的人，可能不认可，也可能认可	对大多数人都心存挑剔，并且瞧不起	对优秀的人抱着欣赏认可的态度，并能够根据自身情况"见贤思齐"
当自己在意的事情无法完美时，容易陷入焦虑中	大多数时候只是陷于不满又无能为力的状态，因为完美主义者做事拖延，甚至会因为认为无法完美而逃避做事	当对自己不满意时，能够积极争取，提升自己

在这里我们需要强调一下，积极完美主义和消极完美主义都会因为不完美而感到焦虑不安，区别在于积极完美主义对个人成长大多数能够起到积极作用，但这两种心理的自我调节能力都远不如理智追求完美的人。举例说明，如果一个工作狂做每项工作都极为认真，但也常常花费很多不必要的时间用于反复检查，并时时焦虑，觉得自己的工作做得不够好，那么他是积极完美主义

者；如果一个人总是纠结在自己的缺点、错误、不足上，总是很难满足，那么他是消极完美主义者；如果一个人能够合理规划什么工作需要严谨，什么工作需要活泼，力求完美是出于对某件事的重视，而非出于焦虑，那么他是追求完美。

完美主义是一种不健康的心理，而拥有这种特质的人，往往心理较幼稚，这是因为完美主义的根源来自"偏执分裂"这种防御机制。

匈牙利病理心理学家和精神分析师玛格丽·马勒认为，幼儿在3岁之前会经历以下三个阶段：

（1）从出生开始，持续大约1个月，是正常自闭期。婴儿对外界不感兴趣。

（2）从大约2个月开始，持续约4个月，是正常共生期。这个阶段就是前文提到过的全能自恋期，婴儿认为自己和妈妈是一体的。

（3）6个月到36个月左右，是分离与个体化期。幼儿认识到自己是自己，父母是父母。在正常共生期，除了全能自恋这个特点之外，还会发展出偏执分裂这个防御机制来。什么是偏执分裂的防御机制呢？放在婴儿的视角，就是把妈妈一分为二，对他好的是好妈妈，管教他的是坏妈妈，他尚不能把妈妈看作一个整体，他需要过渡，并与自己和解，接受妈妈既有爱他的一面，也有约束他的一面。在正常共生期，如果妈妈的教养是前后一致的、情绪稳定的，孩子会很容易度过这个时期，他会慢慢认识到：妈妈态度的变化不代表妈妈的变化。如果这个时期妈妈的教养是情绪化的、无规律可循的，或是极端的，不管是极端严厉还是极端溺爱，孩子都容易在这个心理时期发生固着，长大后发展为完美主义者。

接下来，我们进行具体测试，下面是弗罗斯特完美主义心理量表，请仔细阅读并如实回答问题。

1代表不符合，2代表有点不符合，3代表不能确定，4代表有点符合，5代表符合。

题目	不符合	有点不符合	不能确定	有点符合	符合
1.我的父母曾给我定下很高的标准。	1	2	3	4	5
2.做事有条理、有系统对我是十分重要的。	1	2	3	4	5
3.如果我不给自己定下最高的标准，我很可能沦为次等人。	1	2	3	4	5
4.我是个整洁的人。	1	2	3	4	5
5.我尽量做一个有条理的人。	1	2	3	4	5
6.如果我在工作/学习中失败，说明我是个失败的人。	1	2	3	4	5
7.我的父母曾希望我在各方面都是出色的。	1	2	3	4	5
8.比起大多数人，我定下更高的目标。	1	2	3	4	5
9.若有人在工作或学习上比我强，我会觉得很失败。	1	2	3	4	5
10.做事或者学习时若是有部分的失败，我会觉得自己完全失败了。	1	2	3	4	5
11.尽管我小心翼翼地做事，还是经常感到自己做得不太正确。	1	2	3	4	5
12.我厌恶做事不能做到最佳。	1	2	3	4	5
13.我有极高的目标。	1	2	3	4	5
14.我的父母曾经希望我做得特别出色。	1	2	3	4	5

续表

题目	不符合	有点不符合	不能确定	有点符合	符合
15.假如我犯错，人们很可能会看轻我。	1	2	3	4	5
16.如果我不能做得跟别人一样好，说明我是一个低人一等的人。	1	2	3	4	5
17.比起我，别人似乎更能接受低一点的标准。	1	2	3	4	5
18.如果我不能始终表现出色，我就会失去别人对我的尊敬。	1	2	3	4	5
19.比起我，我父母对我的将来经常有较高的期望。	1	2	3	4	5
20.我尽力成为一个整洁的人。	1	2	3	4	5
21.我经常对一些日常小事也犹豫不决。	1	2	3	4	5
22.整洁对我来说是十分重要的。	1	2	3	4	5
23.比起大多数人，我要求自己在每天的工作中有更好的成绩。	1	2	3	4	5
24.我是一个有条理的人。	1	2	3	4	5
25.我的工作进度缓慢，因为我常重复那些工作。	1	2	3	4	5
26.为了把一件事情做好，我需要花较长的时间。	1	2	3	4	5
27.我从不觉得自己能达到我父母为我定下的标准。	1	2	3	4	5

（1）担心错误维度（CM）：6、9、10、15、16、18（6个）。反映完美主义者害怕出错，在工作、学习中对局部和细小的错误过分担心的心理。

（2）条理性维度：2、4、5、20、22、24（6个）。反映完美主义者对条理、整洁的追求。

（3）父母期望维度（PE）：1、7、14、19、27（5个）。对父母过高期望的感知。

（4）个人标准维度（PS）：3、8、12、13、17、23（6个）。反映个

体为自己制定极高的、不切实际的标准和目标,对自己的工作、学习有过高的期望。

(5)行动的疑虑维度(DA):11、21、25、26(4个)。测量完美主义者在工作、学习中因担心不完美而表现出的迟疑和怀疑态度。

CM/PE/PS/DA ≥ 77:消极完美主义者,有可能为心理问题困扰。

CM/PE/PS/DA > 69:消极完美主义倾向。积极完美主义维度为条理性维度。

容貌焦虑症：在这个时代如何自我悦纳？

在现实生活中，我们经常会发现，那些整容者并不都是长相丑陋的人，相反，有很多女性在整容之前已经很漂亮了，那么，为什么她们不满足于自己的美貌呢？这其实也说明了是否焦虑和一个人现实条件的好坏并没有直接关系，而是一种心态。

社会上有很多反对整容的人，这让整容者感到了敌意和委屈：我整我自己的脸，碍着谁了？为什么要歧视整容者呢？他们没想明白，其实他们的反对意见，很多也是来源于容貌焦虑。这个世界上因为自己的外貌而内心不平静的人，要远比我们想象的多。

试想一下：如果你在工作或面试中输给了一个比你更漂亮的人，你会不会猜想自己是因为外貌减分了？你是否认为这是一个看脸的世界，颜值在一定程度上决定了一个人的社交地位？

你是否会排斥照镜子，或者不化妆就不敢出门？

如果一个长相丑陋的人发表了与你相悖的观点，你是否会表现出更大的攻击性？

你是否认为如果自己长得更美些，自己的人生将会比现在

掌控你的心理与情绪
反焦虑思维，别让坏情绪害了你

好很多？爱美之心，人皆有之。但是容貌焦虑和爱美是不同的。首先，容貌焦虑本质上是一种焦虑，是对现状不满足又无能为力所引发的内心不平静，而爱美仅仅是一种喜好罢了，一种喜好并不会阻碍人的正常社交，但焦虑会。如果一个人只是单纯的爱美，他会倾向于在社交中以更佳的仪表来展示自己，但是当遇到更美的人时，他不会自卑，不会尖酸刻薄，也不会因自己的容貌不如别人而难过，更不会用容貌去审视评判他人。从本质上来看，容貌焦虑和出身焦虑是一回事，有很多人因自己的出身而对人生充满绝望感，这和容貌焦虑一样，都是对自己先天条件的不满足。

韩国KBS电视台曾播出过一位"电风扇大妈"的故事。故事的主角韩美玉本是一个非常漂亮的姑娘，年轻的时候曾经做过模特，她到日本发展事业的时候，觉得自己的下颚骨有些尖，会显得她强势，于是便向面部注射硅胶。

从老照片看，她原本的长相是非常符合20世纪80年代的审美的，能够成为模特，相信她的身材也不错。可是完美主义让她过于关注自己的缺点——下颚骨有一点点突出（从某些照片上并不能看出她的下颚骨突出，笔者怀疑她在年轻时便出现了视物变形症[①]），她并没有满足于一次硅胶注射，而是数十年间不停地向

[①] 视物变形症：幻视的一种，病人看到的物品和物品实际的形状、大小、颜色等并不一样。有些厌食症患者会在照镜子时看到自己很肥胖，但实际上他们却很瘦。

第四章
完美主义者的焦虑

下颌注射硅胶。医用硅胶非常昂贵，韩美玉渐渐消费不起了，于是她开始从黑市中购买不合格的硅胶，到后来连黑市硅胶都买不起了，她甚至开始向脸上注射食用油。渐渐地，她的脸发生了严重变形，好似一个三片扇叶的电风扇，人们便叫她"电风扇大妈"。

"电风扇大妈"的故事被日本和韩国的媒体报道，有很多社会组织愿意帮助她取出脸部多余的硅胶，日本的医生曾替她做过17次手术帮她挽救脸部，可惜不合格的黑市材料（经鉴定韩美玉的面部填充物以工业油为主要成分）加上精神分裂症的折磨让她57岁时便去世了。

韩美玉的故事引发了关于整容最有争议的话题——整容成瘾症。自卑者总是认为丑陋、贫穷等是原罪，是自己自卑的源头，可是整容成瘾症却向人们证明：即使已经将容貌整得很美丽了，自卑依然没有消除掉。韩美玉的"丑陋"认知很可能是和个人的事业发展相关的。从节目中能够看出，她喜欢唱歌，做了模特，她是希望自己能够成为明星的。随着年龄的增长，她的星途并没有如预想般顺畅，认知狭窄和二元思维让她把一切归罪于自己的下颌骨，她开始仇视自己的长相，并焦虑自己的未来，在完美主义的作用下，这份焦虑全部集中在了外貌上。

有人可能会问，很多人都曾经对未来感到焦虑，为什么容貌焦虑者会倾向于把对未来发展的焦虑全部归咎在外貌上呢？前文说过，完美主义带给人们的安全感在于"偏执分裂"这种防御机

掌控你的心理与情绪
反焦虑思维，别让坏情绪害了你

制，这种防御机制会让人产生这种思维倾向："当我的身上有优点也有缺点时，我很难成为一个彻底完美的人，可是如果我分裂成两个人，一个只有纯粹的优点，另一个只有纯粹的缺点，我就可以通过杀死另一个只有缺点的人来成为完美者了，就像神话故事中神杀死妖魔一样"。我们可以看出，完美主义者的安全感，不仅仅来源于把自己分裂开，还要保证"缺点人"能够比较容易被杀死。整容这个技术，便成了整容成瘾症用来杀死"缺点人"的神。

这看起来很像一种恶性循环。在完美主义者的设想中，自己的成就感是无法通过自我悦纳而得到满足的。什么意思？整容者并不是一次整容后，看着自己变好看了就自信了、快乐了，就认为自己完美了，他需要得到社会认同。每个人对社会认同的需求不同，但都很高。韩美玉是要成为明星，有的人是要成为网红，有的人则是要运用美貌为自己争取更高的社会地位……既然都已经把失败归咎于丑陋了，整容之后理应一切都得到改善才对，为什么自己的人际关系仍然不如预想呢？为什么工作仍然频频失败呢？通常整容者更倾向于去做艺人、网红、模特、主持人这种对外貌有要求、广受关注的工作，这导致他们更容易将工作上的失利归咎于外貌的不足。

可见，容貌焦虑对人的伤害其实并不在于是否整过容。有些容貌焦虑者会因为胆怯或金钱方面的原因不去整容，但那也只是没有迈出恶性循环的第一步而已，焦虑的痛苦一点儿也没少尝。同样，有些整容者以修饰自身为主，能够满足于整容之后的容

第四章
完美主义者的焦虑

貌,并不觉得焦虑。事实上,现实中对容貌焦虑的人还是以没有整过容者居多,很多青春期的孩子也会对自身容貌有焦虑感。面对外貌这种先天无法改变的事情,怎样做才能保持一种健康的心态呢?

自卑永远是要最先解决的问题。不论一个人的自卑是不是仅仅来自容貌,当产生了自卑之后,其社交关系、事业、亲密关系乃至他的全部人生发展都会被自卑所牵绊,这意味着单纯解决容貌问题是远远不够的,更何况很多人自卑的源头并不仅仅是不喜欢自己的外表。容貌是父母给的,对容貌的嫌恶从更深层次而言也是对父母的一种不认可,这种不认可可能是继承了父母的自卑,可能是继承了完美主义的父母对孩子的不满足,也可能只是因为缺爱,还有可能是三者的结合。

小甲的爸爸是货车司机,妈妈是售货员,家庭经济条件一般。小甲的爸爸高大威猛,妈妈美丽婀娜,可惜小甲没能遗传父母的外貌,从小就长得非常瘦小。他的父母原本对他寄予厚望,可是随着他逐渐长大却越来越失望。虽然不曾明说孩子长得不好看,但总是给他买不好看的衣服,对他说"那些好看的衣服你架不起来",还时时教导他低调,不要出风头,为人小心谨慎,避免被欺负。这些潜移默化的教育导致小甲越来越自卑,大学毕业后患上了社交恐惧症,拒绝外出工作。

通过咨询得知,小甲的父母其实对自己的工作和人生一直是心有不甘的,他们对孩子寄予厚望本就是完美主义的一种变形,是把自己的人生理想强加到孩子身上。遗憾的是,他们没能教会孩子接纳自己,发挥自己的长处,而是将完美主义传给了孩子,使小甲过于关注自己不出众的外貌。

想要解决自卑问题,还要从个人存在的意义入手。要找到自己擅长的事,或者仅仅是能够让自己开心的爱好,让自己成为社会中独特的个体,它们会成为我们自信的根基。自信并不需要我们有哪里比别人厉害很多,有长处当然最好,没有长处也不意味着比别人差。关键在于,要相信"我活着,我有在意的人,我有丰沛的感情,这些都是我存在的意义"。

对于容貌焦虑症患者来说,除了及时接受心理治疗之外,还有几种方法可以用来进行自我缓解。

1. 注意力分配训练

对于容貌焦虑症患者而言,焦虑的主要原因就是对容貌的过度关注,他们习惯于将全部注意力聚焦于此,所以我们可以通过分散注意力的方式来有效地缓解焦虑。

如今大家的学习和工作都很忙,只有闲下来的时候才会去关注容貌,那么可以在这时将注意力集中在日常生活中的细节方面,并关注这些细节带给你的各种感受,包括视觉、听觉、嗅觉等方面的微小刺激。例如,平时坐地铁上班时,你总是在照镜子,继而引发焦虑,并影响工作状态。那么,你可以将注意力集中到其他方面,如观察其他乘客的表情,琢磨他们正在想什么;也可以集中到嗅觉方面,如猜测大家用的都是什么牌子的香水;

等等。通过这样的训练分散注意力，你就没时间焦虑了。

2.停止自我观察，忽视问题

对于容貌方面的瑕疵，越是关注越是焦虑，这就需要有意识地停止自我观察。比如，你的脸上长满了雀斑，如果不去照镜子就看不到了，所谓眼不见心不烦。然而做到这一点并不容易，因为你已经形成了习惯。当你产生自我观察冲动时，就去找一些事情做，让自己忙碌起来，或者是培养一些新的习惯，如想照镜子了，就穿上跑鞋去锻炼，通过运动可以更好地宣泄情绪。

流言效应：如何避免陷入流言蜚语？

流言效应属于社会心理学的范畴，指的是流言蜚语对个人心理与行为造成的消极影响，该效应主要是由于认知偏差造成的。

《战国策》中讲过一个故事：一个和曾参同名同姓的家伙杀了人，结果就有人跑来告诉曾参的母亲，说曾参杀人了，曾母当然不信。没过多久，又来人了，说："不好了，不好了，你儿子杀人了！"曾母依旧不信："不可能，我儿子是不会杀人的！"然而，当第三次有人跑来讲曾参杀人时，曾母却相信了。

类似的事情还有三人成虎的典故。

战国时期，魏国大臣庞葱陪同太子前往赵国做人质，出发之前庞葱与魏王之间有一段对话。

"现在有一个人说街市上出现了老虎，大王相信吗？"

"胡闹，当然不信！"

庞葱继续说道："如果两个人说街市上出现了老虎，大王相信吗？"

"我会产生怀疑。"

庞葱接着说："如果又出现了第三个人说街市上有老虎，大王相信吗？"

"这么多人都看见了，那应该是真的，我相信。"

庞葱告诉魏王："街市上怎么可能出现老虎？然而三个人都这么说，谣言就成真了。我这趟一走，那些对我有非议的人肯定会前来散播谣言，而且绝对不止三个人，希望大王明察秋毫。"

魏王听后不以为然，说道："放心，我懂，你只管去吧。"

结果怎么样呢？

不出所料，陆续有人来诬陷庞葱，最初魏王会为庞葱辩解，然而随着诬陷他的人越来越多，魏王也开始相信了，等庞葱和太子回国后，魏王再也没有召见过他。

一件事情就算再离谱，只要说的人多了，往往听者便会信以为真。美国心理学家 G.奥尔波特和 L.波特斯曼针对美国"珍珠港事件"中的谣言进行过分析，这些谣言的传播是以美国公众对官方的"战时损失报告"的不信任为基础的。

当时最极端的一个谣言版本是，美国总统和他的几个顾问已经提前获悉日本要袭击珍珠港的消息，但是故意没有告诉美军负责人，还把在太平洋上的三艘航空母舰全部调走了，这样一来，留给日军的只有几艘老旧战列舰。这样做的目的，自然是让美军参战。

G.奥尔波特和L.波特斯曼指出了谣言形成的两个条件——事件的重要性和事件的模糊性。研究表明，流言往往不是一个人制造的，而是一系列传播者行为累加或"群体贡献"的结果。这意味着谣言需要在多数人听来算是一件值得讨论的事情，事件的重要性便体现在这里。不过，这里的重要性并不代表真正的重要，比如国家新出台了哪些利民政策要远比明星的绯闻重要得多，但事实上永远是后者更容易传出谣言。所以在谣言形成条件中的事件重要性，用"参与度"来形容要更贴切一些。

一件事情让人们觉得参与度越高，针对它传出谣言的可能性就越大，谣言传播的范围便也越广。每个学校中都有关于某些风云学生的传言，每个人数众多的大公司中都有关于领导的风言风语。可是这类谣言仅流传于团体内部，走不出去，因为这些谣言会让外部人员觉得和自己没什么关系，参与度非常低。

有些人可能会问，为什么名人的谣言人人都爱讨论？按理来说，名人的生活应该和大多数人都没什么关系吧？这其实是和名人的粉丝效应有关的，名人需要有很多人将其作为理想人物来憧憬，这样才能够成为名人，这意味着名人身上具备一个特质，那就是会让普通人有较强的代入感，一个人越容易让别人幻想和其一样的成功，他所拥有的粉丝便会越多。比如，演员参演的角色越鲜活平凡，越表现出普罗大众的喜怒哀乐，他给别人的代入感便越强，粉丝也会越多。所以，关于名人的传言大众看似参与度不高，实际上却是参与度最高的，许多人都热衷于在此类话题中点评一二。

第四章
完美主义者的焦虑

莉莉去年入职了一家广告公司，从事媒介公关一职。据说莉莉应聘时，初试之后老板直接就拍板了，因为觉得她长得特别漂亮。莉莉的工作能力虽然不错，但是在其他人看来，并没有强到哪里去，但是她升职的速度让同事们都惊呆了。

仅仅半年时间，莉莉就当上了媒介经理，其间莉莉又是换车，又是购买奢侈品，传言很快就出来了。同事们都觉得不可思议，没有人能在半年内这么涨工资的，除非老板疯了。后来大家一琢磨，肯定是莉莉跟老板的关系不一般，毕竟这种事太常见了，那些眼红的人认为只有这种解释最合理。谣言就这样流传开来。

流言很快传到了莉莉耳朵里，她暴跳如雷。莉莉发现自己在单位走到哪里都会被别人评头论足，有一天吃饭回来，刚好几个同事在八卦，被她听到了，莉莉的情绪彻底爆发了，跟这些人大吵了一架。

争吵过程中，大家终于明白，原来莉莉迅速升职是因为帮忙签下了一个大客户，这一单算在了销售经理名下，所以公司其他人不知道。莉莉的工资的确涨了，但也就是多了3000元而已。莉莉的车是男朋友送的，莉莉有一个"富二代"男朋友，资产比他们老板多好几倍。至于奢侈品，莉莉家境殷实，那些奢侈品有的是男朋友送的，有的是自己买的，基本上属于日常消费而已。

没想到这些事发生的时间点比较巧合，被某些人一传就变味了。争吵之后，莉莉就离职了，没过一周听说她跳槽到竞争对手的公司了，职位还是媒介经理，薪水又涨了一点。流言自然不攻自破了。

莉莉的案例其实反映了流言是有很大局限性的，我们生活中的绝大多数谣言无法跳出其所在的团体圈子，所以终止谣言最快捷、最有效的方法，就是离开该流言所在的圈子。当然，这种方法看上去有些逃避的意味，总是让人感觉不爽，没有报复的快感，也没让人学会如何应对问题，毕竟人不能永远逃避。

其实在面对流言时，是要衡量自身有没有跳出圈子的条件的，假如跳出圈子的成本并不高，就像莉莉一样仅仅是跳槽的话，真的没必要为那些流言浪费精力，也不用担心之后的生活中还会遇到流言，因为流言反复跟随一个人出现在不同圈子里的概率是很小的。就像莉莉跳槽后的新公司老板是一位作风非常正派的老者，本身很讨厌嚼舌根的人，全公司没人敢去讲老板的闲话，莉莉自然不会再遇到流言了。就算遇到其他类型的老板，经历过这件事之后，只要莉莉注意和老板之间的距离，也能规避之前那种流言。

如果受限于客观条件，不方便跳出圈子，比如学校的学生，或者前文写到的知名人士，我们依然可以根据第二个条件——事件的模糊性来摆脱谣言。

事件的模糊性为谣言提供了传播的温床。所以要想辟谣成功，必须一次性拿出足够的证据，不论是承认也好，否认也罢，要让所有人都无法反驳，快刀斩乱麻，让事件成为确定的事实，成为没有任何讨论空间的事。

张晓刚步入职场两年，无论生活还是工作都很不如意，因此

第四章
完美主义者的焦虑

十分抑郁。感情上，从大一就开始谈的女朋友提出了分手。他的女朋友非常漂亮，但毕业之后对于物质要求越来越高，而张晓刚毕业，做的是酒店物业管理，那点工资连房租都不够，更别说买女友要的奢侈品了。

受到分手的打击，本来业务就不熟悉的他，经常在工作中出错，同事们对他的怨言越来越多。不知道从什么时候开始，出现了流言，有人说他是领导的亲戚，是凭关系进来的。张晓曾经多次澄清流言，可是人们根本不相信他，他越是澄清谣言传得越离谱。

张晓的领导得知了这件事后，愿意帮助张晓。虽然张晓的工作表现不是很好，但新人犯错在所难免，领导依然觉得他是个值得培养的苗子。于是二人配合，领导总是借题发挥，当众训斥张晓，张晓每次被训斥后就向同事自嘲："又被大表哥训了。"没几次之后便有同事开始笑话张晓抱领导的大腿，往领导身上攀亲，走后门的谣言再也没人提过。

张晓的案例就是典型的用自黑化解流言。自黑的魅力在于：其一，它把一件没有明说的事情放到了明面上，消解了人们传播流言时偷偷摸摸的快感；其二，流言依赖于事件的模糊性，所以流言也会倾向于往模糊的方向发展，张晓自称领导是其大表哥，人们就会倾向于去模糊他的这个自称，即怀疑领导不是他的表哥；其三，自黑会给人一种无懈可击的感觉："连我自己都黑自己了，你再黑我可就是拾人牙慧，过时了哟！"

掌控你的心理与情绪
反焦虑思维，别让坏情绪害了你

很多时候，流言能够持续不断地给人带来困扰，是因为它持续不断地勾起人探秘的欲望。正如"此地无银三百两"的故事，越遮掩就越吸引人关注，而事件本身却可能是非常无聊的。人生活在社会中，名声影响了我们的方方面面，没有人能够真正不在意自己的名声，也同样没有人能够完完全全不听信外界对某人的评价。流言对人百害无一利，我们要学会避免流言发生在自己身上，不要去和流言较劲，要像太极功法般以柔克刚，才是真正成熟的应对之法。

木桶效应：贩卖焦虑

很多人都听说过木桶效应，一只木桶能盛多少水，并不取决于最长的那块木板，而是取决于最短的那块木板，所以木桶效应也可称为短板效应。该理论认为，一个人的成就并不取决于他的长处，而是取决于他的短处。在这一理论的影响之下，一些人花费大量时间去弥补自己的短处，它让完美主义者有了理论依据，并更加关注自身的缺点，结果变得越来越焦虑。

张晓淼是村里为数不多的几位大学生之一，可以说是"全村的希望"，他也励志要靠自身的勤奋改变命运，在毕业之后选择了投身销售领域。张晓淼选择了入职一家初创企业，CEO给他描绘了一幅美妙的职业前景，他每天都很拼，虽然工作强度很高，但是他从不抱怨。

不过，由于刚毕业，张晓淼没有客户资源，除了同学也没有其他人脉资源，所以业绩一直比较差，始终徘徊在PIP（绩效改善计划）的边缘。

销售主管每天都会对员工施压，尤其喜欢强调木桶效应，让

掌控你的心理与情绪
反焦虑思维，别让坏情绪害了你

业绩不好的同事反思并改正自己的缺点。张晓淼的性格还算开朗，也有一定的闯劲，而且口才很好，按理说非常适合销售这一行。但是认知程度有限且缺少社会经验的他，因为被领导天天训话，变得越来越不自信，每天总是在琢磨自己的劣势——农村娃、没资源、没人脉。

他越想越焦虑，每天工作强度那么大，晚上9点下班，到家都10点了，有时还会失眠，担心自己因为业绩不好被开除，父母还等着他往家里寄钱呢。张晓淼一想到第二天的晨会就害怕，因为他没客户，又不知道怎样才能开单。

由于长期处于高压之下，最近张晓淼的身体出现了反应，经常一阵阵心悸，大量出汗，领导好不容易分给他一个客户，在陌拜（指不经过预约直接对陌生人进行登门拜访）的时候又过于紧张，曾经引以为傲的口才优势也没了。这形成了一种恶性循环，张晓淼因此越来越痛苦，身体与精神状态都很差。

发生在张晓淼身上的事相信很多初入社会的年轻人都深有体会，"90后""00后"从小背负着全家的希望，一路按照精英模式培养成人。可以说所有人都在暗暗期待着这个汇集了全家努力辛苦培养的孩子能够出人头地，在步入社会的时刻，这一代的年轻人所承载的期望早已不是过去能够独立养活自己那么简单了。所以说，焦虑的种子其实早在很多年前便已种下，这份期望也被某些人利用，现实中的激烈竞争只是培育这颗种子的水肥而已。一个合格的领导理应引导员工发挥长处，并在关键的时候指导下属不断进步。然而张晓淼的领导却辜负了张晓淼奋斗的热血，没能给予其任何切实有效的帮助，只是一味地对其进行打击，这委实是一种社会资源的浪费。

参考本章开篇中对消极完美主义的描述，我们会发现木桶效应所引导的方向貌似和消极完美主义有类似之处，就是去关注自身的缺点。我们再回忆一下自己在哪些环境中见到或听到过人们强调木桶效应呢？是在心理专家的科普文章与视频中吗？不是，科普类的文章与视频中从不讲木桶效应，因为木桶效应根本就不是心理学的概念，而是管理学的概念，它会出现在广告中，更多的时候是像张晓淼的案例中一样出现在公司领导的口中。

既然它是管理学的概念，我们不妨再重新看看，木桶效应到底是什么意思呢？它是说在一个集体中，每个人都仿佛是一块木板，所有的木板组合成一个水桶，这个水桶有多大的容量，取决于这个木桶中最短的那块板子，也就是这个集体中能力最差的那个人。不仅如此，木桶效应的内容还有很多，包括：

一个木桶的储水量，还取决于木桶的直径大小。（起步基础）

在每块木板都相同的情况下，木桶的储水量还取决于木桶的形状。（向心力）

木桶的最终储水量，还取决于木桶的使用状态和木板的相互组合。（凝聚力）

……

作为独立的个体，我们要如何看待木桶效应呢？首先要找准自己的定位。你是一个木桶吗？不，作为集体中的一员，你只是某一块板子而已，一块板子最重要的不是完美，而是要懂得怎样和其他板子配合，怎样选一个合适的位置安置自己，怎样尽可能地让这个桶增值。

如果你是一块圆板子，你要去做桶底。

如果你是一块有缝的板子，你要去做一个装石头的桶，让缝隙无关紧要。

如果你是一块中看不中用的板子，你要去做一个装饰的桶，成为艺术品。

……

看懂了吗？这个社会最需要的是有独特优势的人才，而不是没有缺点、面面俱到的人。所以，木桶效应真正的意义是要引导人们更多地关注自身的优势，懂得发挥所长，却被某些人利用，成了贩卖焦虑的工具。随着时代的发展，焦虑的人越来越多，这和社会过度强调消费主义、贩卖焦虑是离不开的。

想一想你是不是听到过下面这些观点：

仅仅大学毕业是不够的，还需要考各类证书为自己加分。

如果想结婚，作为男孩必须有房有车。

女孩结婚时，婚纱必须选最好的。

为了让自己的孩子赢在起跑线上，从2周岁开始就要上早教课。

……

凡此种种，都是典型的消费主义。那么，消费主义有什么害处？很多人其实并不是很清楚，它很容易让人以为只是多花钱而已，甚至还有人认为消费主义可以促使人们努力挣钱、追求进步。真的是这样吗？在这里我们要通过表5区分一下完美主义者认为的进步和心理健康者认为的进步有什么区别。

表5 完美主义者与心理健康者认为的进步的区别

	完美主义者认为的进步	心理健康者认为的进步
努力的动机	自己理应完美	渴望得到进步
成功的感受	成功是自己理所应当的，不感到开心	喜悦
进步的感受	进步是自己理所应当的，不感到开心	高兴
失败的感受	挫败感、难受	挫败感、难受
对成功的认知	要绝大多数人都认可的事情成功了，才算成功	只要是自己的计划达成了，便是成功
动力	非常容易疲惫，常常会有无力感	有持续不断的动力支持自己

我们通过对比可以看出，焦虑带给人的进步是伴随着风险的。表面上看人确实是进步了，但其内心并没有感受到丝毫快乐，就像很多年轻人非常努力地工作，也确实在不断进步，却没能感受到一丝丝的成就感，而一旦失败却感受到了加倍的挫败感，活得越来越焦虑，越来越累。

如今生活节奏如此之快，人们不应被焦虑感支配，这样才能在不断的奋斗中感受到快乐和源源不断的动力。要知道什么是自己想要的，什么事虽然大家都说好，但并不值得自己去付出。及时的自我肯定是最重要的，你自己不夸自己，还指望谁来夸你呢？

那么，如何进行自我肯定，从而减轻焦虑呢？不妨从以下几个方面着手。

（1）告诉自己，我能成为今天的样子，已经很努力了。

（2）只为自己的期望而努力。

这个世界，有人在为鞋子不好看而焦虑，有人在为长相普通而焦虑，还有的人在为没有钱而焦虑……在欲望方面，我们常常会被他人的想法左右，导致遗失了自己真正想要的，忙忙碌碌活成了别人希望的人生，当然也就永远无法满足自己了。人的能力有限，全力为自己而努力，才不枉此生。

（3）强化自我肯定的感受。

即便你是一个再失败的人，也会有闪光的时刻，回忆这些时刻，回忆你曾经的成功经历并记录下来：

_____

_____

_____

（4）忽视自我否定的想法。

如果你不是乐天派，消极的想法就很可能总是跳出来，而且给你的感觉是那么真实。"你写的内容毫无价值，简直是浪费时间！"你的想法错了吗？不一定，是否有价值取决于对谁而言，有的人看了觉得是废话，对他们来说毫无价值；而有的人看了觉得可以帮到自己，那么这对他们而言就是有价值的。

每当一个消极想法跳出来之后，都会用一个积极的想法取代它：

×"你写的内容毫无价值,简直是浪费时间!"

√"不,我的粉丝喜欢我,他们需要我的方法!"

×"我长相平庸!"

√"不,虽然我的长相不算惊艳,但也有人喜欢我。"

×"我生活在社会底层,家里又没有钱,我活得太失败了!"

√"不,虽然我目前地位不高,家里也没有多少钱,但是我还年轻,家里也没有给我额外的负担,让我可以轻装上阵。"

布里丹毛驴效应：让人犯愁的，往往不是没有选择

有一头毛驴，主人每天都会买一堆草料喂它。某日，主人又来送草料了，这次他多带来了一堆草料。本以为毛驴会欣喜若狂，结果它却愁坏了，因为两堆干草的数量、质量以及与它的距离完全一样。毛驴始终无法做出选择，最终，它竟然饿死了。

这是一个寓言故事，后来用来形容人们犹豫不决，难以做出决策的现象。两堆一样的干草远不足以体现现实中选择的困难程度，一堆好吃但距离远，一堆有营养却有些受潮的干草才更符合实际。鱼和熊掌之间的取舍，在于鱼和熊掌皆如此诱人，让人难以舍弃，那么干脆不做选择，维持一个两者皆有机会的假象。

张小帅大学毕业之后去了上海工作，女友则去了广州，正如大部分异地恋都会出现问题一样，张小帅也遇到了选择难题。在上海，一个更优秀的女生主动示好，这个女孩与自己的女友性格截然不同，这也让张小帅陷入了选择焦虑的陷阱。

第四章
完美主义者的焦虑

为了逃避选择,张小帅做出了一个在他看来最明智的决定——与两个女孩同时交往。他前来咨询时表示,自己知道这样不对,可是两个女孩都挺好,谁都放不下,又不知道该选谁。

这个问题给张小帅带来很大困扰,已经到了需要找心理咨询师的地步。

像这种人生大事,往往让人们更加难以抉择,说到底还是想要兼得鱼和熊掌。如果张小帅的两个女友发现了他的行为,逼迫他做出选择,他一定会很快做出决定,不管后期是否会后悔。选择困难,还是因为想要延长兼得的时间。就像看中了两个商品,不决定买哪个,就会享受兼得的幻想。

像完美主义的本质一样,选择困难也是源于早期心理发展的不成熟,不能认清自己真正的需求,看什么都好、都想要。这对个人发展是非常不利的,会让人们在犹豫不决和无用的幻想中浪费大量的时间。

小仙长得很漂亮,追求她的男生很多。这天,男生A发来了邀请,请小仙周末去吃必胜客。小仙对他的感觉一般,而且也不想吃西餐,决定再等等。男生B也发来了邀请,请小仙周末去吃海鲜大餐,小仙有点心动,但是刚到周三,她还不着急,周末还早着呢,再等等看。结果,直到周五都没人来约她,A和B被拒绝之后,都各自安排了事情,小仙有点后悔。直到周六早上,男生C临时发来邀请,想约她一起看电影吃大餐,结果虽然小仙很想看最近新上映的电影，但觉得C不如B，想等B再次约她，于是又拒绝了……

对于类似的情况，心理学家巴里·施瓦茨提出了一个概念，叫作**"不作为惯性"，指的是放弃了一个具有吸引力的行为机会，将会选择对随后相同领域内的类似机会不作为**。就像离开了一个很好的工作后，不如以前的工作机会都看不上；就像曾经沧海难为水，人们遇到了不如旧恋人的追求者总是不愿意将就……

这就是选择的悖论，我们在生活中经常遇到，看似有更多的选择，但是人们总会犹豫不决，往往会做出一错再错的选择。

很多人并不承认自己存在选择困难症，认为自己做事果断，从不犹豫。然而实际情况却不是。中国青年报社社会调查中心联合问卷网做过一次调查，一共有2007个人接受了调查，其中84.7%的受访者自称有选择困难症，15.9%的受访者坦言自己的选择困难症很严重，11.1%的受访者表示自己完全没有选择上的困难。[①]可见，很多人都存在选择困难症，而其中一些情况比较严重的人还会因此而焦虑。

对此，我们应该如何应对，才能让焦虑少一些呢？

1. 当选择太多时，放弃多余的选择

例如，你想买车，如果你只有10万元的预算，虽然可选择的

[①] 参见崔艳宇、杜园春：《84.7%受访者自称有选择困难症》，载《中国青年报》2018年1月30日第7版。

第四章
完美主义者的焦虑

余地有限,但花费的精力也不多;如果你有100万元的预算,可选择的余地就会变大,耗费的精力也会成比例地增加。你需要明确目标,到底是选品牌,还是看性价比,确定目标之后,把精力放在重要的决策上,放弃多余的选择,这样才会让自己轻松一些。

回答下面几个问题,或许可以帮你做出正确的选择。

目前困扰你的事:

_____

关于这件事,你有几个选择?

_____

_____

_____

哪些是多余的选择?

_____

_____

_____

2. 控制期望,不求完美

你着急上班,结果发现衬衫扣子掉了一颗,你拿出备用的扣子盒,结果一着急撒了一地。这些扣子里面只有一颗扣子是这件衬衫的"原配",但是你着急上班啊,这时怎么选择?如果你非得找到这颗"原配"扣子,估计要忙活一阵子,说不好还会迟到,到时你一定会更加焦虑。如果你随便找一颗类似的,那么你的问题很快就会得到解决。

3.避免过量信息引起的焦虑

现代社会信息量巨大，而人类大脑处理信息的能力是有限的，我们不可能拟定出所有方案，也不可能快速筛选出一个最合理的优先顺序。避免信息过载引发的焦虑，我们只需要选择一个适合自己的。以高考报志愿来说，多少人慎之又慎地选择，导致一家人都非常焦虑，以为一次选择就会决定未来的命运。然而，又有多少人现在还做着跟报考专业相关的工作？不要期望每一次决定都会影响你的命运，记住泰戈尔的一句诗："我不能选择最好的，是最好的选择我。"

4.暴露疗法

选择困难的人最怕的是做出错误的选择让自己后悔，既然如此，我们可以设想极端的场景。不知道选哪个追求者？那就设想自己七老八十之后更希望是谁陪伴在身边。不知道选哪个工作？那就设想一旦需要加班，自己更能接受哪个。实在选不出还可以交给潜意识，那个在你脑海中总是优先出现的选项，一定是你最难以割舍的。

回答下面几个问题，筛选出最优解。

导致你选择困难的事：

_____

设想极端的场景：

_____

_____

记录脑海中最先出现的选项：

_____

_____

约拿情结：我们不仅害怕失败，也害怕成功

在我们身边，一定会有这样的人，或者我们自己就是这样的人。

当幼儿园筹备节日演出，老师询问谁想做主角时，总会有一些内心想做主角，却不敢争取的孩子。

当老师在班上公开询问谁想当班长时，举起手来的人，一般不会多于十个。

当我们听见别人夸奖时，会下意识地否定自己的优秀，且绝不仅仅是出于客套。

当我们被烦心事所困扰，不知所措，朋友纷纷提出建议时，我们总会有反复斟酌、拒绝采纳的时刻。

……

以上种种，都是因为约拿情结在作祟。约拿情结是美国著名心理学家、人本主义心理学的开创者马斯洛提出的一个心理学名词。它来源于一个故事：

约拿是一个虔诚的犹太先知，一直渴望能够得到神的差遣。

神终于给了他一个光荣的任务,去宣布赦免一座本来要被罪行毁灭的城市——尼尼微城。约拿却抗拒这个任务,他逃跑了,不断躲避着他信仰的神。神的力量到处寻找他,唤醒他,惩戒他,甚至让一条大鱼吞了他。最后,他几经反复和犹疑,终于悔改,完成了他的使命——宣布尼尼微城的人获得赦免。

这种"害怕好事情"的心理,是人类共有的。

依依考上了理想中的大学,然而这并不是让她最开心的事,在这个情窦初开的年纪,她最关心的自然是男朋友的问题。从高一开始,她就喜欢上班里的一个男孩,然而自始至终都没有勇气表白,男孩在这方面也有些迟钝,所以依依一直处于暗恋状态。

毕业了,依依难过了很久,她知道再也见不到自己的"男神"了,尽管考上了一流的大学,也没能让她的心情有所好转。

新生报到的那天,一个男生突然从后面拍了她的肩,回头的一瞬间,依依差点哭出来,难道电影中的情节真的在现实中上演了?两个人简短叙旧之后,约定第二天一起吃饭。

依依太兴奋了,给高中的闺蜜打电话,约好出门逛街去买一件漂亮的衣服,用来迎接第二天的约会。

两个人逛了一天,试了几十件衣服,很多衣服都非常适合依依,然而她却一件都没有选上,总是能想出各种理由:衣服颜色太艳了,款式太成人化了,不喜欢绿色的点缀……

闺蜜察觉到依依的焦虑,于是问她:"你是不是不想和'男神'约会啊?"

我相信依依姑娘身上发生的事情一定也会让很多人感同身受。不管是反复试穿衣服、反复斟酌微信聊天的对话，还是反复修改文稿，当一件天大的好事突然降临到我们身上时，有些人会倾向于陷入不停否定自己的状态中，这便是约拿情结的要义：我害怕这件好事，因为我的潜意识总让我觉得自己配不上这件事。就像依依姑娘，反复地试衣服还是觉得自己不够美丽，怕自己配不上"男神"。

从根源上分析，约拿情结也是受超我阻抗的影响，不过二者也有些许不同。超我阻抗更多反映在对美好生活的抗拒上，而约拿情结则更多地源于人们对成长这种未知的恐惧感。比如依依姑娘的案例，当一个有着超我阻抗的姑娘收到"男神"的约会邀请时，她会下意识地认为"男神"是在恶作剧，而不认为自己会遇到这种好事，所以超我阻抗从自卑程度上来看是比约拿情结更严重的。

成长为什么会让人有恐惧感呢？因为成长后的世界充满了陌生感，人们永远只能远远地看到远方优秀的他人是什么样子的，却从没体会过自己变优秀后是什么感觉，那么前进就变成了一件需要鼓起勇气的事情。这也是人们常说的"舒适圈"，即那些自己明知道不够好，却很熟悉、很有安全感的旧习惯。

如果说超我阻抗是来源于童年没有被优待，那么约拿情结则是一种正常的心理现象，每个人都会对成长有害怕的感觉，表现出来便是：

"这个看上去太难了,我可能做不好。"

"我从没做过这件事,还是不要给别人添麻烦了。"

"也许这件事对别人来说很简单,但是我却做不到,要是把事情搞砸了可怎么办?"

郑淼因为抑郁症找到心理咨询师求助,在20多个小时的咨询后,郑淼对咨询师说:"老师,你说很很对,我这些天反复回想你和我说过的话,我是太执着于过去一些痛苦的事情了,你说只有放下才能快乐起来,可是我放不下,这也是我前来治疗的原因。"

"你现在想放下吗?"咨询师问。

郑淼沉默不语,过了一会儿又问:"是不是不放下我的病就好不了了?"

"如果有一天你也遇到了一个和你一样,因为对过去的事情放不下而万分痛苦的人,你会劝他放下吗?"咨询师问。

"我不知道,也许会,也许不会,我总觉得……放下的话就好像是一种背叛。"郑淼摇着头说。

有人认为,约拿情结蕴含着仇恨,在《圣经》中约拿抗拒赦免尼尼微城,是因为尼尼微城曾经毁灭了他的家族。同样,人们在成长过程中也会因不如意产生仇恨,这仇恨可能指向不当的教育,可能指向匮乏的资源,可能指向不够优秀的天赋,不管它起源于哪里,当仇恨长久存在时,它一定会指向自己,变成一种对内的仇恨,一种死本能。而死本能的覆灭欲望,也是来源于完美主义中的"生"与"死"的二元对立。

"既然不够完美,那么还不如彻底覆灭吧。"

郑淼所说的背叛,也可以理解为对过去痛苦的遗忘。人们怀着仇恨当然是为了报仇,而报仇的方法就是阻碍自己成长,仇恨没有消除,约拿情结自然会一直作祟。约拿情结如此阻碍人们的成长,我们该怎么避免这种负性心理呢?

1. 接纳自己

与自己和解。每个人都不愿意承认自己过去做错了,事情发生的时间越长便越不愿意承认,也越执着于让对方认错,这便成为一道无解的难题。如果我们跳出这个难题来看,造成痛苦的到底是最初的错误,还是我们后期的执着呢?

接纳自己

2.有改变自己的勇气

"我不知道幸福的路在哪里,但我可以确定此刻我正在走的路不幸福。"人们对自己长久以来的状态是有留恋和安全感的,不论这状态我们自己是不是喜欢。很多人聪明地知道改善状态的方法,关键在于有没有勇气去迈出第一步。

3.自由联想法

多去想象自己渴望中的美好生活,有利于帮助此刻的你增强改变的信心,不过前提是这想象必须是指向未来的,不能去想象过去已经发生的事情有改变。美梦做得多了,人的动力也自然增加了。

把你的白日梦写下来吧:_____
_____

第五章

平和思维：放平心态，你会发现烦恼大都是自找的

【测试】你的心态如何？可能没你想的那么好！

为什么当你关注国际新闻时，总是感觉那么焦虑？某些地区又打仗了，某个国家隔三岔五就发生枪击案，种族歧视又爆发了，世界陷入经济危机……这个世界仿佛就要完蛋了，你感觉这日子过不下去了。

但是，世界真的有那么糟糕吗？并没有，地球照样转，心态不能乱。为什么你会感到焦虑？因为人类的大脑习惯性地关注负面信息，而枪杀、灾难、死亡这类内容又容易吸引人们的目光。

接下来的60秒，请你写下最近5个令你记忆深刻的新闻事件：

事件1._____

事件2._____

事件3._____

事件4._____

事件5._____

检查一下这些事件，看看是不是负面新闻更多一些？如果你的脑海中回忆起的都是一些美好的新闻事件，那么恭喜你，你的心态非常积极，并且成功摆脱了大脑的习惯性思维。

掌控你的心理与情绪
反焦虑思维，别让坏情绪害了你

心理学家发现，相比于分享积极信息的人，能够共享负性信息的人更容易接近。这在现实生活中表现为一种很有意思的现象：人们更容易凑在一起说别人坏话，而不是赞美。心理学中将这种现象称为负性优先效应。

美国心理学家詹妮弗·K.巴森等人做过一项实验，他们让120名被试写下最好的朋友的名字，然后回答两人刚认识的时候，都喜欢什么、不喜欢什么。

从被试的回答中，研究者发现，回忆负面信息的比重明显更大。之后，调查人员让被试写下3个最亲密的朋友的名字，回答的问题也变成了描述当前的（而非彼此刚认识时的）共享态度。然而，结果并没有变化。

20世纪80年代，心理学家汉森也做过类似的实验，在实验过程中，被试被要求看很多照片，这些照片由两类内容组成，一类是众多愉悦面孔中混杂着一张愤怒的面孔，另一类则相反，是众多愤怒的面孔中夹杂着一张愉悦的面孔，被试需要以最快的速度挑出与众不同的图片。

实验结果表明：被试对愤怒照片的挑选速度明显快于对愉悦照片的识别速度。以上实验都证明了，人类的大脑的确存在负性偏向。

人类在优胜劣汰的生存法则之下进化了几百万年，拥有一套非常复杂的心理机制。从原始社会开始，人类对于负性消息就异常敏感，因为事关生死。即便是今天，依然如此，就像那句话所说的："除了生死，都是小事。"

所谓生于忧患，死于安乐，那些对于负性消息不够敏感的族群，在人类的进化史中，很容易被淘汰。所以说，人类大脑对于负性消息格外敏感，是具有进化意义的。然而这一切都是以过去恶劣的生存条件为前提的，在当今社会中，人们大脑所遗留下来的对负性消息敏感的特点，在某些方面早已成为一个累赘。正如糖使人上瘾这一进化一样，在远古时期，能够获取的糖分非常少，人体摄入的糖分越多，越有利于在寒冷的环境中存活下来，可是现代生活中对糖成瘾只会造成肥胖症。远古时期，人们能够获取的信息是很少的，对负性消息的敏感性有可能会拯救一个族群，然而现在是信息时代，任何关于灾难的信息都会瞬间扩散，人类很难因为错过灾难的迹象而覆灭，那么对负性消息的敏感便只能徒增焦虑了。

综上所述，由于对负面信息的格外关注，我们的心态可能或多或少都有问题，如果你还不承认，完成下面的测试，看看结果吧。测试结果仅供参考，不代表临床诊断。

1.最近的24小时里，你帮助过别人。（　　）

A.是　　　B.不是

2.过去的24小时里，你批评过一个人。（　　）

A.是　　　B.不是

3.过去的24小时里，你向别人表达过关心。（　　）

A.是　　　B.不是

掌控你的心理与情绪
反焦虑思维,别让坏情绪害了你

4.过去的24小时里,你请朋友吃过饭(非利益需要)。( )

A.是   B.不是

5.你喜欢与优秀的、心态积极的人相处。( )

A.是   B.不是

6.当你与心态积极的人在一起时,做事效率更高。( )

A.是   B.不是

7.过去的24小时里,你曾因某事抱怨过。( )

A.是   B.不是

8.来到新环境时,你总是习惯主动结识他人。( )

A.是   B.不是

9.你总是关注别人不好的一面,放大别人的失误。( )

A.是   B.不是

10.你会刻意用别人喜欢的方式称呼对方。( )

A.是   B.不是

11.当你在餐厅吃饭时,如果服务员态度不好,你会选择立即投诉。( )

A.是   B.不是

12.当别人在某领域表现出色时,你会主动送上赞美。( )

A.是   B.不是

13.在团队运动中,当队友失误时你会表现出失望甚至抱怨。( )

A.是   B.不是

14.你有很强的幽默感,而且人缘很好。( )

A.是　　B.不是

15.你总是对别人要求很严苛。(　)

A.是　　B.不是

【评分标准】

题目1、3、4、5、6、8、10、12、14，选A项得1分，选B项不得分。

题目2、7、9、11、13、15，选A项不得分，选B项得1分。

【结果分析】

1—5分：你的心态存在很大问题，并因此给你的工作与生活造成了困扰，使你焦虑不已。为了防止焦虑进一步恶化，你需要改变思维方式，尤其是对一些事的看法，试着看开一些，烦恼自然就会化解。6—10分：你的心态存在问题，虽然并不算太严重，但时常给你带来烦恼。进一步调整心态，你的心理会更健康，焦虑情绪也会保持在适度的范围之内。11—15分：你的心态非常好，如今能够保持如此健康心态的人并不多见，请继续保持下去。

不值得定律：混日子的想法只会让你越来越糟

所谓不值得定律，指的是当我们认为一件事不值得去做的时候，就不会去做好。不值得定律反映了人们一种普遍的心理，它导致人们在做事的时候态度敷衍，结果事情往往做不好，即便做好了，也不会带来多少成就感。然而很多人没有意识到，正是因为这种混日子的想法，自己的处境越来越糟糕。

球痴小六从小学习足球，一直踢到预备队，最后没能进入专业队。郁郁不得志的他看着曾经的队友们踢到了中乙、中甲，不仅实现了人生梦想，收入也很高，而他只能在工厂拿着几千块钱的工资，踢踢业余比赛。

刚退下来那会儿，在业余比赛里，小六的水平可谓高人一筹，只要他愿意，一个人就能单挑对方整条后防线，每场比赛可以轻轻松松踢进五六个球，领导因此非常器重他，把他提升到了他所能胜任的岗位上。

然而在小六心里，这样的业余比赛对自己毫无意义，简直是在浪费天赋，于是很快他就开始混日子，即便如此，对手还是踢

第五章
平和思维：放平心态，你会发现烦恼大都是自找的

不过他所在的球队。时间一天天过去，当小六意识到自己彻底无缘职业球队时，开始了自我放纵，每天出来上班，就是熬夜喝大酒，身体很快发福，竞技状态一落千丈。

很快，球队里引进了几名年轻人，小六也不再是球队"一哥"的角色，在与其他公司的球队比赛时，他还是一种瞎混的态度。之前尽管经理对此很不满意，但无奈他的水平很高，而且最后都是大胜对手，所以也不好说什么。如今，他们不再像之前一样无往不胜了，小六在场上不防守、乱射的情况已经导致队友越来越不满。工作中，小六的表现一如既往地糟糕，迟到早退，没有业绩，经理实在看不下去了，决定将其降职处理。

小六的职位降低了，薪水少了，在球队也打不上主力了，这一系列的变动并没有让他重新振作起来，反而导致他的情绪越来越糟糕。

像小六这样的心态，在很多升学考试失利的学生身上也经常出现。他们因为没能考上理想中的学校，对现有的学校和同学充满鄙视，认为自己不值得在这样的学校中努力，最后学习成绩越来越差，反而不如他的同学了。我们也可以说，这种"不值得"的心态，是受到一次失败的打击后的自我惩罚，表面上看这种心态源于一次失败，但是其实失败仅仅是导火索而已。会有这样心态的人，在平时的认知上也倾向于二元对立思维，他们非黑即白地看待工作（或学习）。在他们心中有一个标准，标准之上的可以获得"优秀"的入门证，标准之下的便全是"垃圾"。超越这

个标准便是这些人的目标，一旦自己没能"达标"，很容易破罐子破摔，不停地自我厌弃。

所以，这类人在生活中是非常容易树敌的。他们对标准之上者的追捧和对标准之下者的鄙视，都不能使他们建立健康长久的人际关系，也不能让自己拥有强大的自信和魅力。他们不仅很难交到朋友，其傲慢的态度还会得罪很多人，一旦失败就更难有社会支持，遇到群嘲和霸凌的可能性也比寻常人要高。

这就是不值得定律的危害。因此，人不能用"值不值得"的态度来对待生活，当你把一件事定性为"不值得"时，心里一定是傲慢的，与这"不值得"相关的人事物，都被你当作了敌人，同时你也让自己的路子越走越窄。心态决定状态，你糊弄日子，日子反过来会更狠地糊弄你。最后，你觉得到底是谁祸害了谁呢？

在一座偏僻小城的一条街上，住着一位修鞋匠，他家祖祖辈辈都是修鞋的。到了他这一辈，同龄人都外出打工赚钱去了，他却依然在此用心修补着每一双鞋，赚着每一块钱。同村的老人都说他不求上进，年纪轻轻在村里修什么鞋啊？据说，每修好一双鞋之后，他都会在鞋里塞进一张纸条，上面写着："任何值得一做的事，都是值得做好的事。"

生活是一种态度。现实中，很多人郁郁不得志，认为自己大材小用，天赋被埋没，于是消极地对待生活，这岂不是言行不一吗？既然不满足现状，为什么不去改变呢？既然行动上接受了现状，为什么内心还要鄙视这种现状呢？人活一世，难道就是为了一边辛辛苦苦地做事，一边抱怨自己做的都是无用功吗？如果生命的意义就在于此，那么这般累死累活的是图什么呢？远离不值得定律，才能拯救你的人生。关于不值得定律，我们不妨从另外几个角度思考，或许可以帮助你避免陷入焦虑之中。

1. 肯定自己的过往

这非常重要，可以说90%的心理疾病都源于对过往的不满。"死本能"也是重启人生的欲望。游戏可以重来，人生却只有一次。不要太关注过去不如意的地方，多去回忆过去的美好和曾经的付出，所有的付出都是我们存在于世界上的痕迹。

请谢谢你迄今为止做过最疯狂、最牛、最值得骄傲的三件事：

_____

_____

_____

2. 远离耳边的噪声

与其说幸运的人生千篇一律，不幸的人生各不相同，不如说人们太喜欢评价他人的人生了。"××离婚了可怜""××在外奔波可怜""××挣得少可怜"……这一类的声音听多了，大概谁都会觉得自己可怜。当你追求的人生和世人附加给你的人生图景出现矛盾时，你能够做好取舍，避免陷入"不值得"的哀叹吗？

在你身边，有多少总是传播此类噪声，带给你负能量的人？写出来，然后远离他们。

3.少想多做

想做的事便积极争取，人忙起来后自然没时间去想"值不值得"这种问题，毕竟做都做了，还有什么可想的呢？你以为不去做事就能避免失败的风险吗？并不能，因为欲望会像一只小虫子般不停地啃噬着你的心。写下你近期准备实现的目标，然后勇敢行动起来吧！

欲望可以是好的，它能刺激人的进步；欲望也可以是坏的，它会使人贪婪。欲望源于每个人的内心，不论是接纳也好，不接纳也好，你不能一边舍不得放弃，一边又没勇气开始，最终让欲望变成了一种折磨。

凯库勒与酝酿效应：当问题无法解决时先放一放

许多人都听说过苯环被发现的故事。苯在1825年就被发现了，可是在此后几十年间，人们一直不知道它的结构，因为它有六个碳原子和六个氢原子，碳链连接后它的化学性质应是不稳定的，可是事实上苯的结构不仅很稳定，而且非常对称。这可把科学家难住了，他们怎么也想不出苯到底是什么结构。

德国化学家凯库勒（1829—1896）决心研究出苯的结构，他为此日思夜想，辛苦工作了几个月，可是始终没有任何进展。凯库勒筋疲力尽，甚至萌生出了放弃的想法。一天，身心俱疲的他睡着了，终日思索碳链的他连做梦都梦到了碳链，这些碳链似乎活了起来，变成了一条蛇，在他眼前不断翻腾，最后突然咬住了自己的尾巴，形成了一个环……凯库勒猛然醒悟，苯的结构是一个环形！这就是苯环的发现过程。

我相信，生活中有很多人都曾经有过与凯库勒类似的经历，当我们对一件事日思夜想时，便极有可能在梦境中得到答案。难道这梦境是神明给我们的启示吗？其实这只是人的潜意识被激发出来了。这说明了两件事：其一，人的潜意识拥有远比意识更巨大的能量；其二，人的意识在思考时是很容易钻牛角尖的，可能会导致思维狭窄，正如19世纪时研究苯结构的其他科学家，想起碳链便下意识地认为它是一条链子，然而潜意识更富有想象力也更加多元，凯库勒梦境中的碳链蛇翻转腾挪，没一会儿便指引他找到了答案。

基于人体的巨大潜能，心理学家提出了酝酿效应：当遇到难题没有思路时，不必纠结于此，先放到一边，说不定过一阵儿潜意识就会给你满意的答案。当然，想让潜意识出来工作并非易事，它必须在意识耗尽所有能量时，才会纡尊降贵帮你指点一二。如果你只是简单试了试便不想再付出辛苦，妄想像凯库勒一样做一个梦就能解决问题，那么你的潜意识只会告诉你：你的懒惰跟我说这个问题对你来说并不重要，你还是放弃它比较好。

王女士前来咨询，但她并不是为了自己，而是为了刚上初中的女儿欣欣。欣欣平时成绩挺好，一直排在班里的前几名，但是每到考试就会特别紧张，平时能够轻松解决的题目也都不会做了。更让王女士烦恼的是，她发现女儿最近考试时无法在规定时间内完成所有题目，往往很多题都没时间写。

检查考卷的时候，王女士发现有些题目并不难，完全是因为时间不够没来得及答。在询问与观察之下，王女士发现了问题：每当欣欣遇到不会做的难题时，就会一直纠结于此，死抠这道题，导致没时间去做其他题目。

第五章
平和思维：放平心态，你会发现烦恼大都是自找的

王女士担心女儿患上了强迫症，所以前来咨询。

通过进一步沟通，咨询师发现这位王女士自身的焦虑程度完全不亚于她的孩子，孩子的完美主义倾向完全来自她的教育。平时在辅导孩子的作业时，她会在孩子做错题时反应激烈，生活中也会对自身的过错难以接受，常常因过度关注细节而忽略全局。

对于焦虑来说，利用酝酿效应可以算是最温和的缓解方法了。当你因为某件事寝食难安，非要想个明白时，酝酿效应可以让你暂停钻牛角尖，帮助思维跳出来全方位地看待这件事。

需要强调的是，酝酿效应并非逃避，也绝不鼓励逃避的态度，它强调的是暂停一种无效的思路，通过转移注意力来调整自己，再以新的角度思考问题。它本质上是拓宽思路的一种方法，可以教会你和潜意识对话。

有些人可能会问，如果我思考了所有的角度，依然无法得到正确的答案呢？这种时候其实潜意识也给了我们答案，只是这答案我们没有读懂，或是抗拒去读懂罢了。

张鑫冉自小学习成绩优秀，是家长口中的"别人家的孩子"，大学毕业后进入国家科研单位工作，过着被很多人当作范本的人生。然而她也有自己的烦心事，在她原本规划的人生中，在考入科研单位后要找一位情投意合的男生成家。可是科研单位的男生性格大多比较内向，不善于和女生交往。张鑫冉觉得自己不算是活泼的性格，便想找一位性格外向的男生。身边的人给她介绍了几个小伙子，可都不是她喜欢的。到了28岁之后，张鑫

冉更加着急，加上家人催得紧，她每周甚至会见1—2个男生。

很多人都觉得她太挑剔了，可实际上并不是。张鑫冉在相亲之后并不会第一时间拒绝，也就是并没有看不上对方，而是常常要和男生联系好久，只是每当男生要再进一步时，张鑫冉都会觉得不合适。就这样，张鑫冉很快就30岁了，她的焦虑感越来越强烈。

对于大龄未婚女性，社会上的一些人总会有很多误解，或者怀有一些恶意，认为她们之所以单身，是因为"太挑剔了"，觉得她们自视甚高，可是这并不能解释为什么这部分人在日常工作生活中并没有表现出傲慢来。其实潜意识对于这个问题早已给出了答案：当你反复认为一件事不可行时，就是内心深处在拒绝这件事本身。觉得认识的异性都不够好，是因为没做好结婚的准备；觉得别人的建议都不好，是因为内心里不想做取舍。

此时，酝酿效应可以引导人们和自己的潜意识进行沟通，当我们无计可施时，就需要问问自己：

"我真正想要的是什么结果？是解决这件事，还是别的？"

"我内心真正渴望的是不是可实现的？是不是符合社会价值观的？"

"如果我的潜意识和意识有冲突，有没有什么调和的方法，让我的目标更清晰明确？"

"当我的欲求和现实有冲突时，有哪些必要的取舍是无法逃避的？"

只要我们能想明白上面这些问题，焦虑就会自然消逝。

损失厌恶：如何面对失去造成的情绪波动？

"曾经有一份真诚的爱情放在我面前，我没有珍惜，等我失去的时候，我才后悔莫及，人世间最痛苦的事莫过于此。"

这段《大话西游》的经典台词我们再熟悉不过了，现在我们做一个假设，分成两种情况分析：

情况1：至尊宝与紫霞仙子最终喜结良缘，拥有了圆满的爱情。

情况2：至尊宝痛失所爱，没有跟紫霞仙子走到一起。

请问，这两种情况带来的内心感受，哪一种更加强烈？

如果你选择第一种就错了，说明你不了解经济学中的"损失厌恶"，也不了解人的心理。2002年诺贝尔经济学奖得主、美国普林斯顿大学的以色列籍教授丹尼尔·卡尼曼提出，在内心感受上，人们对损失和获得的敏感程度是不同的，损失带来的痛苦要大于等量获得所带来的快乐。也就是说，同样一件东西，得到它产生的愉悦，跟失去它产生的痛苦相比较，后者更强烈。

所以，对于至尊宝来说，如果他与紫霞仙子喜结良缘，快乐+1；失去紫霞仙子，痛苦+2。

掌控你的心理与情绪
反焦虑思维，别让坏情绪害了你

丹尼尔·卡尼曼曾用赌徒的例子来解释"厌恶损失"，如果硬币正面朝上，赌徒将得到150美元；如果背面朝上，赌徒将输掉100美元。当输了100美元时，赌徒心里感觉像是输了200元，此时要求他离开赌场往往比赢了150美元时更难，他会想方设法试图挽回损失（因为他感受的损失远远高于实际损失）。

由此我们可以看出：当人们面对同样数量的收益和损失时，认为损失更加令他们难以忍受。这就导致人们对于痛苦之事的记忆更加深刻，而快乐却往往更容易被遗忘。想要达到心态平和，一个人经历的快乐之事至少要达到痛苦之事的两倍。把这件事放到社会学中去看，假设全世界痛苦之事和快乐之事数量相近，那么社会中认为生活更痛苦的人，要远远多过认为生活更快乐的人。这便是"人生不如意之事，十之八九"的原因。

正是因为人的记忆对痛苦的偏好，很容易造成一种自己"命苦"的错觉，而获得快乐的经验的匮乏，便是焦虑的最大来源。

姗姗是一个内向的孩子，生性胆小。她的父母都是普通的工人，没什么文化，不过很疼她，家庭关系很不错。

姗姗由于性格懦弱，经常被同学欺负，回到家也不敢跟父母说。直到初中的时候，姗姗经历了一次严重的校园霸凌，吓得她一周不敢去上学，她的父母这才意识到问题的严重性。姗姗从此变得非常自卑。

随着年龄的增长，姗姗的自卑感并没有减轻，临近大学毕业时，她开始变得非常焦虑。继续读书吧，自己实在学不下去了；

第五章
平和思维：放平心态，你会发现烦恼大都是自找的

想找工作，可是又觉得自己能力不行。

咨询师在和姗姗沟通时发现，她的父母是普通的工薪阶层，家庭关系很和谐，在众多有着严重童年阴影的心理访客案例中，姗姗得到的家庭支持算是很多的了，在她升入高中后，霸凌现象也不复存在，然而这并没有减轻她的自卑焦虑，在她初中毕业之后的人生中，她依旧时常沉浸在过去的痛苦之中。

相信这种感觉很多人都有体会，痛苦的事情很容易就会被记一辈子，而对抗这些痛苦所需要的快乐仿佛总是不够用。更可怕的是，当长期处在快乐之中时，人对快乐之事的体验感会下降，也就是人们常说的"欲望无止境"。老一辈的人认为能吃上肉就是最大的幸福，可是实现了这一目标的年轻人却被更多的焦虑感困扰；小时候认为能肆无忌惮地看电视、吃零食是最大的幸福，可是长大之后却又觉得看电视和吃零食都没什么意思。许多人渴望的富裕人生，有些人实现之后依然会患上抑郁症。

王太太患上了产后抑郁症，病情越来越严重，于是前来咨询。经过沟通，发现王太太的家境优渥，从小的生活也是顺风顺水。学习成绩优秀的她，一路都是重点学校的尖子生，后来毕业于名牌大学，进入了一家世界500强公司，做到了财务总监的位置。后来，还遇到了现在的老公——一家上市公司的高管。可以说，她的人生简直美煞旁人。

没想到生完孩子之后，王太太突然陷入了抑郁焦虑之中，一

掌控你的心理与情绪
反焦虑思维，别让坏情绪害了你

时间不知道如何是好。

我们可以料想到，王太太一直有着平顺的人生，当她遇到心理疾病的困扰时，势必感受到来自社会更多的恶意，那些嫉妒她的人可能会攻击她："你有什么可烦恼的呢？我看你就是作的！"这一类的攻击一定会让王太太这样的患者更加痛苦，并且越发不接纳自己。

人类的进化就是会让人永远不满足，所以痛苦的体验并不完全来源于痛苦的事件，温暖的环境更容易让人降低对幸福的感受力。普通人给自己花钱会感受到快乐，这是因为普通人无法做到应有尽有，然而这对富人来说却像吃饭一样正常，你会因为自己吃了一顿和往常没有任何区别的饭而特别开心吗？大多数人是不会的。很多富人喜爱极限运动，又何尝不是为了对抗自身难以感受到快乐的特质呢？

损失厌恶的心理体现在生活工作中的方方面面，即便是知道该理论的人也无法跳出来，他们会把自己已经拥有的当作理所应当的，很难从其中感受到快乐，而一旦这部分出现损失便饱受情绪困扰，难以面对。要想改变这种容易引发焦虑的认知模式，就必须对快乐心存感恩。

首先，要学会正视快乐。既然快乐容易被人忽视，我们就把快乐作为一份礼物来看待。想想，自己的优点是无关紧要的吗？当然不是，又不是所有人都有这个优点。爱护我们的人对我们的付出是理所应当的吗？当然不是，世界上还有很多缺爱的人……

把我们拥有的全部好事，都当作一种"得到"，心怀感恩，在遇到痛苦之事时，也更容易心性坚毅。

其次，将快乐具体化。当你遇到好事时，别管这好事多么小，把它具体化，你可以问自己几个问题：从这件好事中我得到了什么？后续我还会获得怎样的好处？举个例子，某天我遇到一个人对我说我的笑容很好看，那么，从这件好事中我得到了什么？回答是我的自信心增强了，我更愿意笑了。后续我还会获得怎样的好处？回答是我也许会因为笑容变多了，遇到更多的朋友。把具体事项列出来之后，焦虑的情绪就会有所缓解。

沉没成本：执着于收回成本，却让你陷入恶性循环

曾经有个段子，说生活中很多平平无奇的人，到了酒桌上往往会变身为政治家、思想家、社会评论家。其实之所以会有这类现象，是因为人很容易高估自己的决策能力和眼光，于是更倾向于去追求高于自己实力的事情。比如，追求一位各方面都优于自己的异性，找工作时倾向于找比上一份条件更好的工作，喜欢点评身边人的失败和缺点……从某种角度来看，这种高估自身能力的心理，反映的是人对地位的渴望，这也意味着拥有这类思想的人，对自认擅长之事的失败更难以接受。于是便带出了本节的主题——沉没成本。

什么是沉没成本呢？当你在追求某个目标时，所付出的一切便是你的成本，而一旦你决定要放弃这个目标时，这些成本便只能随着你的放弃而浪费，你会颗粒无收，竹篮打水一场空。

举个例子，你跟A谈了三年恋爱，最后不欢而散，没能走入婚姻殿堂，在此过程中付出的时间、精力、金钱就是沉没成本；你招聘了一名大学生，培养他花费了很多时间、精力、金钱，等

他都学会了该为你的公司出力时，结果人家跳槽了，你付出的时间、精力、金钱也是沉没成本。

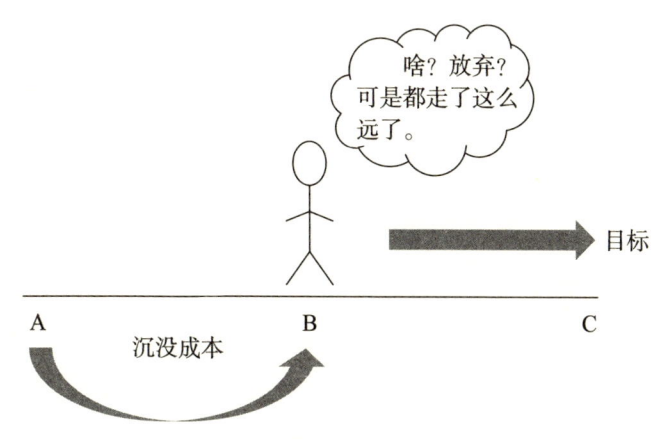

啥？放弃？可是都走了这么远了。

A　　　　　　B　　　　　　C
　　沉没成本　　　　　　　→ 目标

沉没成本让失败更难以接受

明尼苏达大学的神经学博士布莱恩·斯维斯（Brian Sweis）曾经用小白鼠做过一个实验，他在一个迷宫里，分别为老鼠设置了四个"餐厅"，分别可以吃到酸奶、葡萄、巧克力、香蕉。在这个迷宫里，每一个餐厅都设有进食区和候餐区两个区域，小白鼠首次进入某个餐厅时，可以在进食区吃到四种食物中的一种，但是数量有限，很快就吃完了。还想吃怎么办？在候餐区等上一阵子，食物又会掉落在进食区。小白鼠有两个选择，要么在候餐区等着食物，要么转而去下一个餐厅吃东西。在这个实验中，在候餐区已经等待的时间就是小白鼠的沉没成本。实验结果表明，小白鼠在候餐区等待的时间越长，它就越不会改变自己的决定，而是选择一直等下去。

人类要比小白鼠聪明多了,然而依然有很多人无法做出明智的决策。如果仔细研究,在沉没成本中其实有个逻辑错误,那就是它把成本和目标划到了一起,仿佛只要达到了目的,这成本就相当于没有付出,于是目的能不能达到就变得太重要了。这种把未来的发展与曾经的决策挂钩的心态,便是焦虑的最初来源。可是事实上呢?过去的成本已经不存在了,而未来如何变化,影响因素太多了,绝不是我们付出的那些成本所能左右的。比如,你去电影院看了一部最新上映的影片,在你买票的时候,钱已经花出去了,如果电影非常难看,令人昏昏欲睡,但你又不舍得走,因为你花钱买票了,所以你坚持到了散场,可是坚持看完电影,就意味着你的钱没白花吗?

一部电影或许没那么重要,不论是坚持到散场还是提前离场,影响都不大,可是那些对于人生和家庭都至关重要的决定呢?比如下面这些人生抉择,才是真正容易引人焦虑后悔的大事。

选择什么专业和制定什么样的人生规划。

选择和谁恋爱,付出仅有的青春。

选择和谁结婚,连接两个家庭。

决定是否生孩子,什么时候生。

选择什么样的职业,尤其是第一份工作。

决定是否进行风险投资,包括但不限于买卖股票、创业、入股等。

决定是否异地就职。

选择如何教育孩子。

第五章
平和思维：放平心态，你会发现烦恼大都是自找的

我相信上述这些人生大事中，一定也存在令你后悔的事。我之所以会这么自信地下结论，是因为我相信，焦虑一定伴随着指向过去的指责，这份指责的声音越大，无疑代表对未来的期待越低，焦虑感当然越重。

小艾是一个富家女，在大学期间交了一个男朋友，虽然男朋友只是普通家庭出身，但这并没有阻碍双方的感情。原本两人感情很好，可是随着双方步入社会，价值观和消费观的差异令二人间的矛盾越来越多。小艾和男孩都曾经有过分手的想法，可是一想到他们一同度过的这么多年，再看看自己的年纪也不小了，便决定继续在一起。

后来，结婚仿佛也是水到渠成的事。在结婚典礼上，他们的同学都感动于他们的爱情长跑，他们一时成为学校里终成眷属的典范。然而婚后不到半年，男孩越来越不愿意回家，小艾陷入了担心男孩出轨的焦虑中，没多久二人便低调地离婚了。

当离婚之后，小艾再与同学谈到婚姻话题时，也承认自己当时有些疑神疑鬼，并且突然觉得男孩并没有出轨，没有对不起她，曾经的疑神疑鬼好像只是为了让自己离婚罢了。

在小艾和男孩的这段短暂的婚姻中，我们可以看到沉没成本是如何引发焦虑的。真正让小艾和男孩无法分手的，其实是害怕自己的婚恋资本像青春一样，逝去后便不再回来。他们害怕分手后再找到的爱人不如原有的，同时也认同此刻的自己不如学生时

代有魅力。

说白了，因后悔而焦虑，本就是对当下状态的一种否定。我们回顾上面的那些人生抉择，会有人真正做到每个选项都如意吗？至少我没遇到过这样的命运宠儿，但是我知道那些不焦虑的人是怎样看待后悔一事的。

怎样定义失败？有些人把目标没有实现当作一种失败，这其实是很狭隘的。鲁迅先生最初的目标只是做一名医生，可他最后并没有成为医生，你能说他去日本留学学医的几年时间是浪费了吗？要知道他弃医从文的决定正是源于他在日本的所见所闻。真正内心强大的人，会多维度地审视自己付出后的收获。爱情长跑没有结果？可是这份经历让自己收获了很多感悟和成长。创业投资失败赔了钱？但是锻炼了自己的职业技能。上学时专业没选对？但认识了很多真心的朋友……

生活中其实不存在只会沉没的成本，你投入的时间越长，你经历的和见识的只会越多。不是只有最初的目的才是一种财富，那些看不见的人生财富，你只要珍视它，就不会再焦虑了。

卡瑞尔公式：试试接受最坏的结果

有一则职场故事讲得很有意思，有一位乐观的销售员，她的业绩非常好，其他同事就问她有什么秘诀，她只说了两个字——心态。

大家听不明白。这位销售员进一步解释，曾经有一位讲师给他们做过培训，所有人都不以为然，只有她相信并坚持了下来。

培训师进行引导："设想一下，你现在位于客户办公室的门口，准备推销自己的产品。接下来你要将心里的真实想法说出来。"

接下来是销售员与培训师的对话。

培训师："你现在站在哪里？"

销售员："客户公司的门口啊！"

培训师："接下来你要做什么？"

销售员："我要进去推销产品。"

培训师："试想一下，进去之后可能出现的最坏结果。"

销售员："被前台轰出来。"

培训师："这时你站在哪里？"

销售员："还是门口啊！"

培训师:"也就是说,你所面对的最坏的结果,不过是回到原点,我说得对吗?"

销售员:"嗯,是的。"

培训师:"你还有什么害怕的呢?"

这种想法在生活中是很常见的,这其实是利用了卡瑞尔公式:**唯有强迫自己面对最坏的情况,在思想上先接受它,才能让我们集中精力解决面对的问题,从而减轻烦恼。**

威利·卡瑞尔是一名工程师。一次,他去安装一架瓦斯清洁机,其间遇到了技术问题。折腾了半天,机器勉强装好能用了,但是与公司承诺的品质相去甚远。卡瑞尔为此十分焦虑,担心被客户投诉,担心被老板质疑工作能力,担心丢掉工作……当天晚上,他辗转反侧,睡不着觉,之后的几天卡瑞尔饱受煎熬,但是他很快意识到这样并不能解决问题,于是他决定换一种思考方式。

他开始安慰自己。被客户投诉顶多是被老板骂一顿,质疑自己工作能力不行;最坏的结果不过是被开除,无所谓,再找工作呗。卡瑞尔预测了最坏的结果,并且意识到这个结果并不是无法接受的,天塌不下来,日子还得继续。自从这么想之后,他发现自己的心情好多了,并没有那么焦虑了。

于是卡瑞尔继续设想,这台机器最坏的情况是坏掉,公司会损失2万美元,那么有没有什么办法能让损失比2万美元少呢?

于是卡瑞尔尝试为设备升级,他做了几次实验,多花了5000

美元加装了一些设备，问题便完美解决了。结果老板不仅没有开除他，还给他升了职。

从卡瑞尔的故事中我们可以清晰地看到卡瑞尔消除焦虑的三个步骤：

第一步，分析可能发生的最坏情况；

第二步，从心理上接受最坏的情况；

第三步，情绪平静之后，把时间和精力用来改善最坏的情况。

生活中很多人都曾为自己设想过最坏的情况，却没有得到像卡瑞尔一样的结果，最主要的原因就在于没能做到卡瑞尔公式的第三步，而是破罐子破摔，直接把最坏的情况变为现实了。

阿莲是一位年轻又单纯的大学生，她有一个很喜欢的男友，二人是同学，交往时间不长。在最初的甜蜜过后，一些碰撞和矛盾也逐渐显现。同居之后，二人之间的争吵开始越来越多。阿莲害怕两个人走不长久，越发在生活中对男友吹毛求疵，并且总喜欢设想：如果现在二人磨合不好，以后结婚了就更没法生活了。为此阿莲越来越焦虑，甚至连男友什么时候刮胡子都要管。就这样双方吵架一次比一次激烈，阿莲在焦虑的煎熬中提出了分手。

女朋友提分手过后又后悔的情况，很多男孩都遇到过，说白了这些女孩根本就没想分手，那么她们提分手是为什么呢？男孩觉得是"作",是在威胁自己。其实这是焦虑引发的极端行为,是潜意识为了缓解焦虑导向了卡瑞尔公式的前两步,却没能完成第三步,因为焦虑在第二步中已经得到了显著的缓解,于是潜意识便休眠了,留下了一堆烂摊子给意识。

在心理治疗中,还有一种治疗方法和卡瑞尔公式异曲同工,那便是暴露疗法,也叫满灌疗法。这种方法主要用于治疗焦虑和恐惧,其核心要义便是你越不喜欢什么、越害怕什么,我便越让你身处于什么环境中。比如,让严重洁癖者身处脏污的环境中,引导疑病神经症者想象身患绝症。(暴露疗法具有一定风险,非专业心理学从业者不要私自实施。)一方面,暴露疗法引导病人直面恐惧,在心理防线最弱时给他设置"安全""灾难并没有来""没什么可怕的"心锚;另一方面,暴露疗法所暴露的也有人更深的潜意识。

曼曼是一个到异地打拼的年轻姑娘,初到那个城市,为了节省房租,人生地不熟的她只能自己独居在城郊,每天下班后要花费两个小时才能到家,再加上偶尔加班,往往到家都晚上10点多了。夜里走在冷清的小区里,曼曼总是很害怕,即使到家后恐惧也不能缓解。最近一阵子她更是常常做噩梦,梦见鬼怪,醒来后便不敢再入睡了,可是醒着也会胡思乱想,被折磨得心力交瘁。

咨询师为曼曼实施了催眠和暴露疗法,在催眠中,咨询师问曼曼:"现在你害怕的鬼就在你的面前出现了,你觉得它是什么样子的?""他穿着黑色的衣服,衣服很长,个子很高,长得并不吓人,细看还有点帅……他说他在房子里很孤独。"

意识中曼曼是怕鬼的,可是在潜意识中,这个鬼是个又高又帅的小伙子,还说自己孤独,这就有些暧昧的味道了。所以怕鬼其实是曼曼内心冲突下的结果。什么冲突呢?就是既想有人能陪自己,又自卑羞怯不敢在一无所有时妄想恋爱,所以想象出一个鬼,表面上害怕,内心深处是很向往的。

事实上,所有的焦虑都伴随着冲突,前文讲过,人的焦虑来源于完美主义,完美主义的本质是想要兼得,无法取舍,所以卡瑞尔公式给人的帮助,便是直截了当地"舍"掉一方,如推销员的面子、威利·卡瑞尔的成功、阿莲的男友,让人迅速从顾此失彼的焦虑中解脱出来。当然这只能解决焦虑问题,却不能让人满意,因为我们追求的是在"此"和"彼"之间找到最优分配,而非失去一方。所以卡瑞尔公式的第三步尤为重要,它直视内心,让你学会在"彼"和"此"间博弈权衡。

卡瑞尔公式也被称为万灵公式,它是应对焦虑的一种有效方法。很多时候,我们之所以感到焦虑,是因为无法接受最坏的结果,究其原因是因为不肯降低欲望。人的一生会经历不同的阶段,高峰期、平顺期、低潮期,然而欲望的水平却总是处于顶峰,如下图所示,无论现实如何变化,平顺期到低潮期再到高峰期,抑或平顺期到高峰期再到低潮期,人们的欲望水平总是不断上升的,直到高峰期的时候,欲望水平达到最高峰,之后就很难再降下来了。

掌控你的心理与情绪
反焦虑思维,别让坏情绪害了你

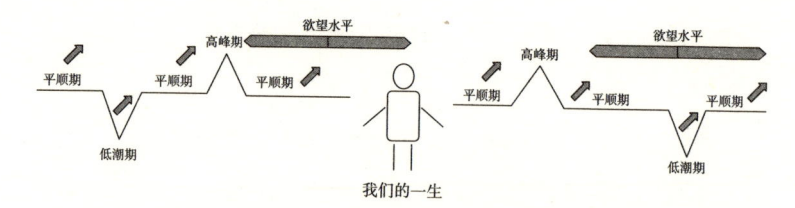

然而现实并非如此。例如,前半生顺遂,后半生遭遇挫折,陷入低谷,这时候欲望没有相应下降,就会产生焦虑。想要减少焦虑,就需要利用卡瑞尔公式,降低期望,才能收获幸福。

面对生活中的各种困惑,我们都可以用卡瑞尔公式找到最优解,并分析出目前导致我们焦虑的原因。

写出你最近担忧的三件事。

第一件事:＿＿＿＿＿＿＿＿＿＿＿＿＿＿＿＿＿＿＿＿＿＿＿

最坏结果:＿＿＿＿＿＿＿＿＿＿＿＿＿＿＿＿＿＿＿＿＿＿＿

如何改善:＿＿＿＿＿＿＿＿＿＿＿＿＿＿＿＿＿＿＿＿＿＿＿

第二件事:＿＿＿＿＿＿＿＿＿＿＿＿＿＿＿＿＿＿＿＿＿＿＿

最坏结果:＿＿＿＿＿＿＿＿＿＿＿＿＿＿＿＿＿＿＿＿＿＿＿

如何改善:＿＿＿＿＿＿＿＿＿＿＿＿＿＿＿＿＿＿＿＿＿＿＿

第三件事:＿＿＿＿＿＿＿＿＿＿＿＿＿＿＿＿＿＿＿＿＿＿＿

最坏结果:＿＿＿＿＿＿＿＿＿＿＿＿＿＿＿＿＿＿＿＿＿＿＿

如何改善:＿＿＿＿＿＿＿＿＿＿＿＿＿＿＿＿＿＿＿＿＿＿＿

蔡格尼克记忆效应：未完成总是让我们惴惴不安

如果你仔细观察就会发现，餐厅服务员总是能记住什么菜还没上，而如果你问他已经上了哪些菜，他很可能答不上来。

有一个心理学实验，心理学家在地上铺了一张白纸，在上面画了一段圆弧，然后观察路过此地的孩子们的表现。令人惊奇的是，大部分孩子都会自然而然地拿起笔补上线段，让圆弧成为一个完整的圆。

有缺口的圆

你也可以试着在纸上画一个有缺口的圆，然后过一会儿再来看看，是不是有一种想要把这个缺口补上的冲动？这是怎么回事呢？德国心理学家蔡格尼克曾经进行过一项记忆实验。她给被试安排了22件简单的工作，一般情况下，几分钟就能完成一件。但蔡格尼克只允许被试完成其中一半的工作，另一半的工作还没有做完的时候就会受阻。

实验结束之后，蔡格尼克让他们回忆之前做了哪些工作，结果显示对于未完成的工作，被试记住了68%的内容，而对于已经完成的工作，只记住了43%。因此，蔡格尼克得出结论：人们对于尚未处理完的事情，比已处理完的事情的印象更加深刻。

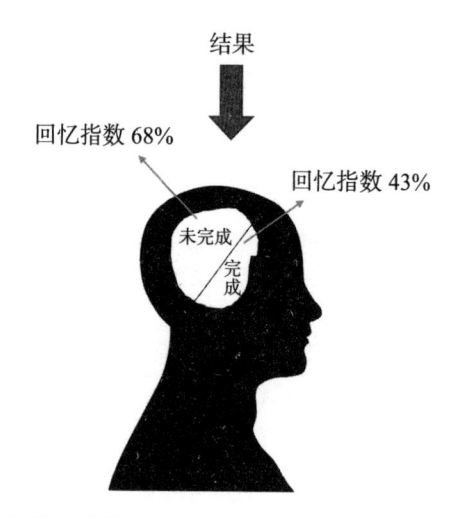

结果

回忆指数 68%

回忆指数 43%

未完成

完成

这就是人类大脑的记忆规律，对于已经完成或者即将完成的内容，大脑就会有意识地遗忘，而对于未完成的工作则会记得更加清晰。

做事有始有终是大多数人的天性，在完成欲的驱使下，人们会强迫自己做完那些未完成的工作。然而，正是因为这个原因，一些人会陷入焦虑。生活中有两类相对极端的情况：有些人

第五章
平和思维：放平心态，你会发现烦恼大都是自找的

做事拖沓，没有完成欲，习惯于半途而废；有些人则是驱动力过强，面对任务必须完成，甚至有些偏执，结果因此陷入焦虑……对于这两种极端的情况，人们往往认为是由两种不同的性格导致的，事实上这两种情况很可能都源于完美主义心理，甚至有相通之处。

完美主义者在做事之前会倾向于规划得面面俱到，并立志必须完成，随着实践的进行，他们很可能遇到计划赶不上变化的事（且由于完美主义者做计划要比寻常人更理想化，所以更容易遇到计划赶不上变化的事），而调整计划是完美主义者最讨厌做的事，他们更倾向于重新开始，有时便直接放弃了。在外人眼中，不论是重新开始还是直接放弃，都是半途而废。而在完美主义者的眼中，自己是被误解了，因为他们不是没有完成欲，反而是完成欲过强容不得一点点不好。

当完美主义者遇到蔡格尼克效应后，很容易生出自卑心理，会出现看别人哪里都比自己好，眼睛盯着自己没做成功的事情，常常觉得自己什么都没做，忙忙碌碌却毫无成果的情况。

高峰就读于某重点高中，今年高一，在初中时，他的成绩排在全年级前三名，而且大部分时候稳居第一，很少遇到对手。然而来到这所重点高中之后，他发现学校里到处都是高手，自己沦为了中等水平。其实还好，他的成绩一直排在中等偏上的位置，如果继续努力很可能挤进第一集团。然而高峰却不这样认为，他感到非常焦虑，认为谁都比自己强，他开始感到自卑，不愿意与

同学交往，也不再像初中时那样跟同学们探讨问题，总是一个人苦读。

高峰很用功，但是成绩并没有好转，反而因为缺少交流出现了情绪问题。他越来越自卑，越来越封闭，成绩也就越来越差，最终陷入恶性循环，导致了抑郁情绪。

在和高峰的咨询中，咨询师发现他从很小开始便有了完美主义的特征。在上初中时，高峰的笔记必须是工整漂亮的，不可以出现一点点涂改痕迹，也因此他记笔记时总是跟不上老师的节奏，需要在课后补上，占用了大量的学习时间。即使如此小心，记笔记时也总是难免出现错别字，每当遇到错别字，高峰一定要将此页撕掉重新开始写。在考试中，高峰也常常会因为死抠一道题而答不完卷子，他的卷面非常整洁，准确率也很高，可惜很少有答完的时候。不过即便如此，他的成绩还是稳居前三名。老师也劝过他，如果不那么较真，还可以更进一步。

当高峰出现抑郁情绪后，他不能对自身的学习有正确的认知，总是纠结于那些困住自己的难题，认为自己的成绩很差，甚至不如那些总分比他低的人。提及那些分数不如他的同学，他会说："他都没怎么用心学，他如果像我一样努力肯定比我分高的。""可是她数学比我好啊，有一次也比我考得好。"……可想而知，长久的低价值感会让人多么痛苦。

除了这种对缺点的执着，蔡格尼克效应与早年阴影的形成也密切相关。心理学中有个永远躲不开的课题，那就是早年的家庭氛围，多数人认为自己的心理困扰和童年经历密切相关。有阴影必定有光源，那些被认为"幸福"的人生，就是阴影的光源。痛苦都是对比来的，童年时没能得到满足的欲望，在蔡格尼克效应的发酵下，会变得格外重要，甚至可能需要终其一生去追寻。

这似乎注定是一个悲剧。如果痛苦的源头是过去已经发生的、无法改变的事情，这痛苦难道注定无法消除了吗？

对于未完成的事情，我们会感到遗憾，但是不要过于执着，更没必要为此感到焦虑。我们可以从以下三个方面去做。

（1）把目光放在未来。

道理很简单，未来的事情是可以改变的，已经发生的事情，无论多么遗憾，都结束了。

（2）尽量少设立遥远而宏大的目标。

遥远而宏大的目标通常实现起来比较困难，容易引发焦虑。在制订计划时，可以将计划细分为多个步骤，这样实现起来也会更容易，才会不断产生进步的成就感。

选择近期的一个目标，然后试着将行动计划分解为三步。

第一步：_____

第二步：_____

第三步：_____

（3）不仅要关注未完成的事情，也要重视已经完成的事情，让沉没成本也产生积极作用。

关注已经完成的事情，然后写下成功体验，尽可能多地列出积极的因素。

掌控你的心理与情绪
反焦虑思维,别让坏情绪害了你

已完成事情1:_____

已完成事情2:_____

已完成事情3:_____

第六章

情绪思维：世界糟糕透顶，还是你不会处理焦虑情绪？

【测试】情绪稳定程度分析

有句俗语说，遇到事情时，理智的人让血液进入大脑，能聪明地思考问题；野蛮的人让血液进入四肢，大脑空虚，疯狂冲动。

此刻，你的脑海中能想起谁？

听说过"世纪之咬"吗？如果你是体育迷，一定猜到了。没错，就是1997年的那场举世瞩目的拳赛。

1997年的重量级拳王争霸赛，两位拳王迈克·泰森与霍利菲尔德打得不可开交，霍利菲尔德的搂抱战术让泰森恼怒不已，前者还趁着泰森向裁判抱怨之际偷袭了一拳，将泰森的右眼角打出血。

而在8个月之前，霍利菲尔德在与泰森的比赛中，用头部撞击了泰森，这让泰森怀恨在心。这一次新仇旧恨加在一起，泰森终于失控了，他表达愤怒的方式震惊了全世界——直接咬破了霍利菲尔德的耳朵。

这一咬被称为"世纪之咬"，也让泰森赔了300万美元的罚金。除此之外，泰森还被禁赛一年，以其当时3000万美元的年收入来算，他的损失可谓令人咋舌。

掌控你的心理与情绪
反焦虑思维，别让坏情绪害了你

情绪稳定程度是一个人成熟与否的标志，接下来这个测试是结合一些资料改编而成的，并不代表权威意见，也不具有诊断作用，但是可以帮助我们检测自己的情绪稳定程度如何。

（如果想要进行更权威的测试，建议选择英国伦敦大学心理学教授艾森克的情绪稳定性测试量表。）

1.打开手机相册，找出最近一次拍摄的照片（自己的人像照），你有何感想？（　）

　　A.觉得不称心　　　B.觉得很好　　　　C.觉得可以

2.你是否想到未来某一个时期会发生什么使自己极为不安的事？（　）

　　A.经常想到　　　B.从来没有想过　　　C.偶尔想到过

3.回顾自己的成长历程，是否遭遇过被人嘲笑的时刻？（　）

　　A.这是常有的事　B.从来没有　　　　C.偶尔有过

4.锁上车门之后，你是否会习惯性地返回，检查车门是否关好？（　）

　　A.经常如此　　　B.从不如此　　　　C.偶尔如此

5.你对最好的朋友是否满意？（　）

　　A.不满意　　　　B.非常满意　　　　C.基本满意

6.半夜醒来，你是否经常感到害怕？（　）

　　A.经常　　　　　B.从来没有　　　　C.极少

7.你是否经常做噩梦？（　）

　　A.经常　　　　　B.没有　　　　　　C.极少

8.你是否多次经历同样的梦境？（　）

A. 有　　　　　　B. 没有　　　　　　C. 记不清

9. 有没有一种食物，让你吃完之后就想吐？（　　）

A. 有　　　　　　B. 没有　　　　　　C. 记不清

10. 在你心里，是否经常显现出另外一个世界？（　　）

A. 有　　　　　　B. 没有　　　　　　C. 记不清

11. 你是否时常怀疑自己不是父母亲生的？（　　）

A. 有　　　　　　B. 没有　　　　　　C. 偶尔有

12. 你是否认为世界上没有一个人喜欢你？

A. 是　　　　　　B. 不是　　　　　　C. 说不清

13. 你是否常常觉得父母对你不好？（　　）

A. 是　　　　　　B. 否　　　　　　　C. 偶尔

14. 你是否觉得没有人理解你？（　　）

A. 是　　　　　　B. 否　　　　　　　C. 说不清

15. 你每天清晨醒来的感觉是什么？（　　）

A. 忧郁　　　　　B. 快乐　　　　　　C. 说不清

16. 如果让你形容秋天，你会如何描述？（　　）

A. 遍地枯叶　　　B. 秋高气爽　　　　C. 不清楚

17. 当你在高处的时候，是否总是觉得站不稳？（　　）

A. 是　　　　　　B. 否　　　　　　　C. 不清楚

18. 你是一个自卑的人吗？（　　）

A. 是　　　　　　B. 否　　　　　　　C. 不清楚

19. 你是一个缺乏安全感的人吗？（　　）

A. 是　　　　　　B. 否　　　　　　　C. 不清楚

20.回家之后,你会反复查看门窗是否关闭,而且内心总是感到不安吗?(　)

  A.是   B.否   C.偶尔

21.当一件事要你做出决定时,你是否觉得很难?(　)

  A.是   B.否   C.偶尔

22.你是否经常玩测吉凶一类的游戏?(　)

  A.是   B.否   C.偶尔

23.你是否经常在走路的时候被绊倒?(　)

  A.是   B.否   C.偶尔

24.你是否需要很长时间才能入睡?(　)

  A.是   B.否   C.偶尔

25.你是否比闹铃设定的时间更早醒来?(　)

  A.是   B.否   C.不清楚

26.你是否过于敏感,能够察觉到别人察觉不到的东西?(　)

  A.是   B.否   C.偶尔

27.你是否曾经感觉被人跟踪而心生不安?(　)

  A.是   B.否   C.不清楚

28.你是否觉得别人会注意你的言行举止?(　)

  A.是   B.否   C.不清楚

29.当你一个人走夜路时,是否会感到害怕,总是担心有危险?(　)

  A.是   B.否   C.偶尔

30.你对别人自杀有什么想法?(　)

A.可以理解　　　　B.不可思议　　　　C.不清楚

【评分标准】

选A项得2分，选B项得0分；选C项得1分。

【结果分析】

0—10分：你是一个内心强大、情绪稳定的人，你的心理素质非常好。

11—30分：你的情绪基本稳定，有些时候表现得过于冷静，导致消极的处事态度，这样会压抑自己的个性。

31分及以上：你的情绪波动大、不稳定，如果生活、工作经常受到影响，建议咨询心理医生。

吞钩现象：如何摆脱过往的鱼钩？

我们在初中时都学过一篇课文叫《祝福》，讲述了农村妇女祥林嫂的悲惨故事。在故事中，人们印象最深的，就是祥林嫂很喜欢和别人讲自己受到过的苦难，以至于后来人们都用祥林嫂来比喻那些不停絮叨苦难的人。这类人在生活中很多，这种不断重复讲述的事也可能会发生在你我的身上。如果哪天不再讲述了，未必是因为不觉得苦了，而更有可能是怕自己会像祥林嫂一样被厌烦。因为大家都知道，同情也是会"再而衰，三而竭"的。

人们之所以会克制不住去向他人倾诉痛苦，是因为想要从外界获得重视，也是因为痛苦的感觉并没有随着时间的流逝而减少，甚至有可能会越来越痛苦，这一切都是吞钩现象在作祟。

什么是吞钩现象呢？它是由个体心理学的创始人、奥地利精神病学家阿尔弗雷德·阿德勒提出来的。阿德勒喜欢钓鱼，他发现鱼儿一旦咬饵后，并没有能力把钩子吐出来，于是只能拼命扭动身体挣扎。在这个过程中，鱼钩反而会越钩越深，无法摆脱。人类的心理也像鱼儿吞钩一般，一旦遇到创伤之后，绝不会第一时间把创伤吐出来，而是不停地挣扎，让伤害变大变深。

第六章
情绪思维：世界糟糕透顶，还是你不会处理焦虑情绪？

有人认为吞钩现象是神经高度紧张、情节反复厮磨的结果。在我看来，愤怒情绪在吞钩现象的作用机理中一定也是重要的一环。面对伤害，没人能做到毫无怨言，是一定要追究到责任方作为自己宣泄的出口的，如果真的找不到责任方，那也得骂一句"贼老天"。同时，在伤害的应激反应下，人们又常常会处在敢怒不敢言的状态，就像一个遭遇家暴的孩子，在被家暴的那一刻，意识状态中是只有恐惧没有愤怒的。那么愤怒去哪里了？愤怒被压抑在潜意识中了，当环境安全了之后，愤怒很可能就会冒出来。在不同认知的加工之后，有些人的愤怒指向当初的加害者，有些人的愤怒指向自己，还有一些人的愤怒则指向其他人。

X因被人陷害蒙冤入狱，直至真凶落网，真相水落石出，X才被释放，不过他已经在监狱中度过了五年的时光。

出狱之后，X并没有开始新生活，反而每天都被消极情绪困扰，每天都在控诉、抱怨，他认为命运不公，浪费了自己最好的青春时光。

X之前是一个很开朗的人，出狱之后则完全变了个人，负能量让身边的朋友甚至是家人都离他远去，最终在40岁时查出了癌症。直到死的时候，他都没有停止抱怨。

X在咨询过程中，从来没有提及关于未来的规划，也没有任何对未来的担忧，他只是不断地重复讲述着入狱的痛苦和因此导致的病症。当咨询师问X如何看待未来时，他没有任何犹豫，直接说:"我觉得我未来肯定不好。"然后又继续讲述自己的过去。显然,在X的内心里,只有过去是重要的,甚至不得不用尽一生来缓解其导致的不甘和愤懑。

小敏的工作能力还不错,但是她对自己的要求显然更高,她认为这是由于家庭的关系。从小父母对她的要求就非常严格。从小学到高中,她都是全年级前十位的尖子生。

考上重点大学之后,面对顶尖高手,小敏在学习方面没有了优势,在其他方面更是缺少天赋,然而她对自己的要求从没有降低。小敏开始抑郁了。工作之后,这一点也没有明显改变。当她意识到自己的能力与追求不匹配的时候,情绪就会出现问题。

渐渐地,小敏的情绪影响到工作,她变得没有动力,不再像之前那么上进,最后竟然开始混日子。很快,本来很器重她的老板也放弃了她。失业的打击让小敏一蹶不振,她开始感到绝望,感到生活没有意义。

在所有的心理困扰中,有一类痛苦是病人找不到来由的,负面情绪也常常会没有任何征兆就突然爆发,那便是抑郁。表面看来抑郁和吞钩现象没什么关系,很多抑郁者甚至不知道自己为什么会这么难受,不认为自己有创伤,更别提反复挣扎于创伤中了。但是如果抑郁者没受到吞钩现象的影响,抑郁的情绪为何会持续那么久呢?其实在吞钩现象中,在痛苦中挣扎也不一定只是挣扎于创伤事件,很多抑郁者在自我否定认知的影响下已经忘记

第六章
情绪思维：世界糟糕透顶，还是你不会处理焦虑情绪？

创伤事件了，可是负面情绪却仍留在了潜意识中，这个"钩子"只是抑郁者看不见罢了，并非不存在。

既然吞钩现象危害如此大，有没有什么方法能避免呢？我们需要解决以下三个问题。

第一："我真的想摆脱这个鱼钩吗？如果鱼钩取下了，伤口愈合后，没人知道我被鱼钩伤害过，那这罪我不是白遭了吗？"

受伤之后大喊大叫是人的本能，所以向外界证明自己曾经的伤痛，和摆脱阴影同样重要。但如果我们过于在意创伤的证实，势必阻碍自己摆脱阴影。同样，若想摆脱阴影，也必须改掉证实创伤这一习惯。

第二："我确定我想摆脱鱼钩，这个钩子实在太折磨人了，可是我控制不住，总是会受它影响。"

完美主义者很难正确客观地面对阴影，他们太希望这个阴影不存在了。但过度的排斥也是过度的关注，这样会无形中放大阴影的影响力，使它变得如附骨之疽。

第三："明明就是让人痛苦万分的经历，怎么做到客观面对呢？"

心理学并不会反人类地让你"笑对磨难"，只是让你尽量减少思量、减小痛苦。"是的，那很痛苦，好在已经过去了。我今后还会经历很多考验，但我相信那会是新的人生。"

坏消息疲劳&头条压力症：不要成为负面信息的情绪垃圾桶

经常会在微博看到这样的评论："某某和某某（某对著名的荧幕情侣）分手了，我再也不相信爱情了！"或者："某某（明星偶像）居然搞地下恋情欺骗粉丝，粉转黑！"

不追星的人也许很难理解追星族的感受，为什么他们喜欢的明星谈个恋爱分个手，会给他们造成那么大的情绪起伏。尽管他们标榜自己是"妈妈粉""理智粉"，也没觉得偶像是否单身能影响到自己的恋爱，但就是无法接受偶像有"污点"，包括爱情和其他方面。其实不只是追星族，我们每个人都有可能因为不太相关的负面新闻而感受到压力。

从心理学上看，负面新闻的持续产生和迅速传播，会导致人们出现一系列负面情绪，包括焦虑、愤怒、恐慌、绝望、挫败感等，这种现象又称为坏消息疲劳。与"坏消息疲劳"意思相近的一个词，叫作"头条压力症"，指的是由24小时不断展示的头条新闻引发的压力。这个词是从2016年美国总统大选时开始流行的，据调查，接近一半的美国人认为总统大选让自己变得焦虑。

第六章
情绪思维：世界糟糕透顶，还是你不会处理焦虑情绪？

想象力是个好东西，但若是和恐惧结合起来，谁都承受不住。

"互联网公司压力太大了，老有年轻人想不开。"

"气候又变暖了，未来会不会没有冬天了？"

"唉，世界这么不太平，想想未来就觉得没劲。"

……

由于人类的生存本能，负面消息会导致共情疲劳，或称同情心倦怠。心理学家查尔斯·费格力对它的定义是，一种生理和情感上的疲惫和功能障碍，能够引发行为变化，导致身体状况变差，情绪恶化。

据说最早这个词是由美国作家、历史学家卡拉·乔伊森提出的，当时他目睹了护士们虽然竭尽所能照顾病人，但最终还是无力回天，很多护士无法接受，因此陷入了各种消极情绪之中。卡拉将这种现象命名为"共情疲劳"。

1996年，几位美国学者进行了一次调查，发现人们在大量观看了关于灾难、疾病和无家可归的新闻之后，会在不同程度上经历类似于同情疲劳的症状，出现焦虑、沮丧等负面情绪。暴力犯罪的新闻冲击力最大，其次是当时刚刚进入大众视野的艾滋病，其"无法治愈"的特性被媒体广泛报道，导致人们非常焦虑。

研究表明，性格敏感的人，更容易受到负面新闻的影响。共情是一种能力，少数人的共情能力极强，属于"大爱无疆"的类型。还有少数人共情能力极弱，如自恋人格障碍患者。而多数人都是普通人，共情能力处于中等水平，也就是说不可能每时每刻都能对别人感同身受。当普通人面对媒体的不断轰炸时，就需要过度使用有限的共情能力，结果就会导致身心俱疲，产生焦虑等负面情绪。

那么，我们应该怎样缓解"同情心倦怠"呢？

首先，最好的方法就是去看好消息。尽管好消息可能会有那么一点无聊，不像坏消息那么吸引眼球，但是某些好消息也是非常吸引人的。比如，关于美食的消息、感人的故事、生活中的趣事等，让对好消息的"瘾"代替对坏消息的"瘾"，人也会渐渐心情愉悦起来。

浏览当日的新闻，找到令你感兴趣的三则好消息，将它们写出来。

好消息1：＿＿＿＿＿＿＿＿＿＿＿＿＿＿＿＿＿＿＿＿＿＿

好消息2：＿＿＿＿＿＿＿＿＿＿＿＿＿＿＿＿＿＿＿＿＿＿

好消息3：＿＿＿＿＿＿＿＿＿＿＿＿＿＿＿＿＿＿＿＿＿＿

其次，要防止将自己过多地代入坏消息中。只要是消息，就一定会有不真实的可能性，在还没确定消息真实与否时，就把自己代入坏消息中，当然会产生不必要的恐慌。在信息时代，人们听到的九成以上的坏消息，都不会与自己的生活产生关联，所以适当给自己和坏消息做"隔离"很有必要。

选出你今天看到的三则坏消息，然后主动进行"隔离"。举个例子：坏消息——"沙尘暴来袭"；隔离——"幸亏今天休息，不用出门"。

坏消息1：＿＿＿＿＿＿＿＿＿＿＿＿＿＿＿＿＿＿＿＿＿＿

隔离：＿＿＿＿＿＿＿＿＿＿＿＿＿＿＿＿＿＿＿＿＿＿＿＿

了两年时间,与两万多名工人进行了深度沟通,耐心听取了工人的意见,让他们将内心的不满情绪尽情宣泄出来。结果,霍桑工厂的工作效率大大提高。

每个人都有各种各样的愿望,然而真正能实现的却为数不多。那些未能实现的愿望就会引起负面情绪,而很多人存在一个误区,就是自己忍着,或者是因为不好意思说出来,或者是因为怕影响他人。总之,他们习惯性地选择一个人扛,但是负面情绪却并不会因此消失,而是逐渐累积,直至成为压垮一个人的最后一根稻草。

所以,当负面情绪滋生时,我们就应该采取行动,有意识地疏解。

1. 区分行为和情绪

如果出现负面情绪是因为我们做了错事,或者是因为别人做了错事,那么出现自责和愤怒等种种情绪便再正常不过了。此时,我们应该排斥的是错误的行为,而非负面情绪。反过来看,负面情绪其实是在促使人进步,追求美好。既然如此,当负面情绪出现时,我们就需要拥抱它、感激它,去找找真正应该调整或改正的是什么。是不是不良的相处模式?是不是自己的能力不足?是不是自己的欲望太多了?

列出自身存在的负面情绪并寻找原因。

负面情绪1:_____

原因:_____

负面情绪2:_____

内卷化效应：躁动的外部环境与困顿的生活

内卷化效应，指的是长期从事某一方面的工作，水平稳定，不断重复，进而自我懈怠，失去动力。不少人都希望能够实现突破，这便是当代年轻人焦虑的最主要来源。在这种背景下，人们应对焦虑的方法或是无限延长劳动时长，挤压自己的休息时间，变得疲惫不堪，长期处于亚健康状态，慢性病缠身；或是变得无欲无求，不婚不育甚至不恋爱。人们认为金钱是决定自己能否快乐的最主要因素，所以有时也会为了钱陷入癫狂的状态。

内卷化效应与剧场效应很接近。剧场效应指的是，在一个大的影院里面，大家开始时坐在各自座位上看电影，而且都可以看到屏幕。但突然前面有一个观众站了起来，这样后面观众的视线就被遮挡住了，于是后面的观众也相继站了起来，最后更多的人被迫站起来看电影，甚至整个影院的人都站了起来，坐票实际上变成了站票，结果使所有人都变得很累，但观影的效果跟所有人都坐着时差不多，甚至更差。

人们就这样逐渐陷入了焦虑情绪，每个局内人都在尽可能地

第六章
情绪思维：世界糟糕透顶，还是你不会处理焦虑情绪？

为自己争取利益，但是这些人越是努力，造成的无谓损耗越大，大家的整体利益却没有得到提升。可是如果停下来，环境会引发更大的焦虑与不安。

有一个心理学实验，其中一组研究对象是自我卷入的，另一组研究对象则是出于兴趣而全身心地投入任务之中的。研究结果表明，自我卷入削弱了完成任务的内在动机，导致研究对象产生了更多的压力、紧张和焦虑。

以上实验说明了，当人们受到他人有条件的尊重时，自我卷入就会发展，人们会强迫自己以某种特定的方式在别人面前表现，这样才能得到良好的自我感觉。这样做一方面是在支持虚假的自我，另一方面则是在破坏真实的自我，因为这一切都不是基于自己的兴趣与热情，一旦达到临界点，情绪就会失控爆发。

小宇是一个高二的学生，他来咨询是因为最近感到压力很大。他是学校篮球队的明星球员，从小便表现出篮球天赋，所以也希望高考时能通过篮球加分。可是渐渐地他发现自己的球技进步得越来越慢，身高也不尽如人意。眼看着自己的水平停滞不前，小宇很害怕自己会考不上理想中的学校，只能去之前看不上的学校。

小宇的困境反映了当前在学校里也存在内卷的现象。很多学生很努力成绩却进步很小，犹如逆水行舟。这时，学生需要认识到学习对自己真正的意义，而不仅仅将其当作敲门砖。这也督促学生们要提前开始规划人生，找到适合自己的方向。

图书在版编目(CIP)数据

掌控你的心理与情绪. 反焦虑思维，别让坏情绪害了你 / 苏雪丹著. —北京：中国法制出版社，2021.10
ISBN 978-7-5216-2135-8

Ⅰ.①掌… Ⅱ.①苏… Ⅲ.①情绪—自我控制—通俗读物 Ⅳ.①B842.6-49

中国版本图书馆CIP数据核字（2021）第176761号

策划编辑：杨　智（yangzhibnulaw@126.com）
责任编辑：王　悦（wangyuefzs@163.com）　　　　　　封面设计：汪要军

掌控你的心理与情绪. 反焦虑思维，别让坏情绪害了你
ZHANGKONG NI DE XINLI YU QINGXU. FANJIAOLÜ SIWEI, BIE RANG HUAI QINGXU HAILE NI
著者/苏雪丹
经销/新华书店
印刷/三河市紫恒印装有限公司
开本/880毫米×1230毫米　32开　　　印张/6.5　字数/133千
版次/2021年10月第1版　　　　　　　2021年10月第1次印刷

中国法制出版社出版
书号 ISBN 978-7-5216-2135-8　　　　　　　　　　　　定价：36.00元

北京市西城区西便门西里甲16号西便门办公区
邮政编码：100053　　　　　　　　　　　传　真：010-63141852
网址：http://www.zgfzs.com　　　　　　编辑部电话：010-63141831
市场营销部电话：010-63141612　　　　印务部电话：010-63141606
（如有印装质量问题，请与本社印务部联系。）